平面设计与制作

品牌故事
Brand Story

Brand
Story

25
品牌成立23年

100

1000
超过15000名员工

U0269215

云空间

正在加载…

突破平面

Photoshop UI

黄甦 / 编著

界面设计与制作剖析

清華大学 出版社
北京

内 容 简 介

本书共 9 章，第 1 章介绍 UI 设计的相关知识，包括 UI 设计的概念、设计流程以及配色等。第 2 章介绍 APP UI 元素设计，如按钮、导航、对话框以及列表等。第 3 章介绍图标的设计，讲解绘制折纸图标、浏览器图标以及音量图标的方法。第 4 章～第 9 章，介绍各种类型 UI 设计的方法，包括手机 APP 界面、网络直播界面、网页界面、游戏界面、平板电脑界面以及软件界面。

本书语言通俗易懂，讲解深入、透彻，案例精彩、实战性强，读者不但可以系统、全面地学习使用 Photoshop 完成 UI 设计的整个流程，还可以利用课后习题检验各章的学习效果。

本书适合广大 Photoshop 初学者，以及有志于从事 UI 设计、平面设计等工作的人员使用，也适合高等院校相关专业的学生和各类培训班的学员参考阅读。

图书在版编目（CIP）数据

突破平面 Photoshop UI 界面设计与制作剖析 / 黄甦编著 . —北京：清华大学出版社，2023.6
（平面设计与制作）
ISBN 978-7-302-63672-4

Ⅰ . ①突…　Ⅱ . ①黄…　Ⅲ . ①人机界面—程序设计②图像处理软件　Ⅳ . ① TP311.1 ② TP391.413

中国国家版本馆 CIP 数据核字 (2023) 第 101474 号

责任编辑：陈绿春
封面设计：潘国文
责任校对：胡伟民
责任印制：沈　露

出版发行：清华大学出版社
　　　网　　　址：http://www.tup.com.cn，http://www.wqbook.com
　　　地　　　址：北京清华大学学研大厦 A 座　　　　　　　邮　　编：100084
　　　社 总 机：010-83470000　　　　　　　　　　　　　　邮　　购：010-62786544
　　　投稿与读者服务：010-62776969，c-service@tup.tsinghua.edu.cn
　　　质 量 反 馈：010-62772015，zhiliang@tup.tsinghua.edu.cn
印 装 者：北京嘉实印刷有限公司
经　　销：全国新华书店
开　　本：188mm×260mm　　　　　印　　张：14.25　　　字　　数：425 千字
版　　次：2023 年 8 月第 1 版　　　印　　次：2023 年 8 月第 1 次印刷
定　　价：99.00 元

产品编号：096154-01

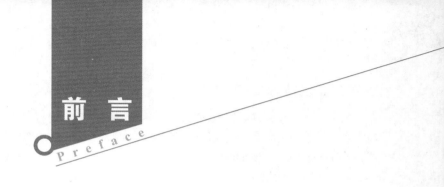

前言
Preface

本书以Photoshop 2022版本为基础，介绍UI设计的相关内容，包括UI设计的理论知识、案例制作过程，以及课后设计技能的增强练习。

本书内容

本书内容编排如下：

第1章为初学者介绍UI设计的基础知识，包括UI设计的概念、不同UI类型的异同、设计的流程与配色，以及UI的组成元素、设计软件。

第2章介绍界面元素设计，分别讲解按钮、导航、搜索列表、对话框及播放控件的设计理念及绘制方法。

第3章介绍图标的绘制，以折纸图标、浏览器图标、音量图标及社交软件图标为例，讲解制作过程，包括理论知识与操作步骤。

第4章以手机APP界面为例，介绍购物APP首页、精选页、个人页及详情页的绘制方法，并提供了不同类型的课后习题方便读者练习。

第5章以网络直播界面为例，讲解直播界面的设计过程，分别以不同案例为基础，介绍直播界面的信息编排要点、绘制步骤。

第6章介绍网页界面的绘制，以音乐网站、网上商城、餐厅网站、设计机构网站的网页为例，介绍不同类型网页的设计方法。

第7章介绍游戏界面的绘制，包括欢迎页、关卡页及闯关成功页，所讲解的内容涉及按钮的绘制、文字的处理以及图文信息的排版等。

第8章介绍平板电脑APP界面的绘制，以音乐APP为例，讲解首页、搜索页及登录页的设计过程。

第9章介绍软件界面的绘制，介绍杀毒软件界面、截图软件界面、聊天软件界面等不同类型界面的设计方法。

本书由电子科技大学成都学院黄甦编著。由于编者水平有限，书中错误、疏漏之处在所难免。在感谢您选择本书的同时，也希望您能够把对本书的意见和建议告诉我们。

配套资源及技术支持

　　本书的配套素材及视频教学文件请扫描下面的二维码进行下载，如果有技术性问题，请扫描下面的技术支持二维码，联系相关人员进行解决。如果在配套资源下载过程中碰到问题，请联系陈老师，联系邮箱：chenlch@tup.tsinghua.edu.cn。

配套素材

视频教学

技术支持

编　者

2023年7月

目　录

Contents

第1章　UI界面设计概述 ………… 1

第2章　UI界面元素设计 ……… 15

第 **9** 章 **绘制软件界面** ……… **195**

第 **8** 章 **绘制平板电脑界面** … **179**

UI界面设计概述

用户界面（User Interface）简称UI界面。UI界面设计指的是对软件的人机交互、操作逻辑以及界面美观的整体设计。本章介绍UI界面设计的基础知识。

1.1 认识UI界面设计

UI界面设计涉及多个方面，从设计理念到界面外观，从商家诉求到用户兴趣，设计师都要考虑周全。优秀的UI界面设计不仅要使软件富有个性与品位，也要让软件的操作简单舒适，使用户能够享受操作的乐趣。

1.1.1 什么是UI界面设计

美观舒适的界面设计能给用户创造良好的视觉享受，缩短人与软件的距离，为用户提供愉悦的操作体验。UI界面设计师以设计理念为指导，编排图文信息，制作简洁大方或者酷炫动感的界面，方便用户利用界面完成各种操作。

界面设计不仅是美术设计，需要综合考虑用户情况、操作环境、操作方式，并且最终为用户而设计。在保证界面效果的同时也要兼具实用效果。

设计师需要不断地总结用户的反馈信息，将界面设计与用户需求联系起来，不断改进，致力于为用户创建满意的软件界面。

图1-1所示为网页界面。与手机屏幕相比，计算机屏幕尺寸较大，用户借助鼠标能轻松地在线操作，获取所需的信息。

图1-2所示为手机APP界面。手机屏幕的尺寸

虽然比计算机屏幕小，但是携带方便，可以满足用户随时随地的使用需求。

图 1-1　　　　　　　图 1-2

1.1.2 UI界面的类型

UI界面的类型包括手机APP界面、网络直播界面以及网页界面等，以下分别进行介绍。

1. 手机APP界面

APP是智能手机中的第三方应用程序。用户可以在手机中安装多个软件，通过手机界面操作软件，包括查询信息、获取资源等。

APP种类繁多，如购物、健身、医疗、美容、教育等，能够满足用户五花八门的使用需求。用户可以到指定的APP商店去下载软件。

一款APP为了满足用户不同的需求，会制作多个功能页面。用户切换至相应功能页面，完成操作后就能达到目的。

图1-3所示为APP登录界面。登录APP后用户可以浏览更多资讯，获取相关内容。在登录界面，用户输入用户名与密码，点击下方的"登录"按钮即可完成登录。或者点击"注册"按钮，进入新用户注册界面。也可以选择其他登录方式。

图1-4所示为"教育网"APP首页。在首页中，大部分的功能都罗列其中，如学习科目、个性化课程等。但是在首页中无法详细展示每个项目的具体内容，需要用户打开次一级页面。如点击"语文"按钮，打开语文课程的专属页面。用户可以在该页面中浏览课程介绍、师资力量、反馈信息等。

并非每一个APP页面都会设置若干功能供用户选用，有的页面，如欢迎页、引导页、闪屏页，主要功能为展示APP的风格或者与当下节日气氛相匹配。图1-5所示为APP引导页，展示的内容为七夕节的相关信息。

图 1-3　　　　　　　　图 1-4　　　　　　　　图 1-5

2. 网络直播界面

网络直播界面不需要用户参与操作，主要功能为展示信息，如图1-6所示。在直播界面中，要明确告知用户商品的销售信息，如优惠券的发放、折扣优惠、礼品赠送等。此外，开播的时间也需要清楚标识，方便用户准时参与。二维码的尺寸与位置也需要认真考虑，确保用户能一键识别。

图 1-6

3. 网页界面

与APP页面相比，网页能承载更多信息，还能通过链接页面无限延伸，满足用户的好奇心与求知欲。以官方网站为例，在首页中展示的内容不多，更多的信息折叠显示在导航栏或菜单栏，如图1-7所示。用户通过点击导航栏或菜单栏，打开链接页面来浏览更多资讯。

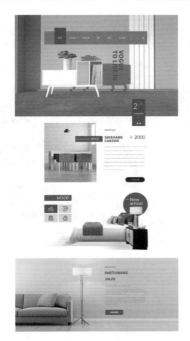

图　1—7

4. 游戏界面

计算机与手机的屏幕尺寸不同，决定了二者游戏体验的不同。计算机屏幕大，使得玩家有身临其境之感。鼠标与键盘配合操作，参与感更加强烈。计算机可以连接音响设备，营造立体环绕的音乐效果。

利用手机参与游戏，受到屏幕尺寸的限制，无法拥有逼真的参与感。但是绚丽的画面，活泼灵动的游戏元素都能给予用户愉悦的玩耍体验。此外，手机能满足用户随时随地想参与游戏的需求。有的游戏可以单手操作，更受用户欢迎。

图1-8所示为不同屏幕尺寸的游戏界面展示效果。

图　1—8

5. 平板电脑APP界面

平板电脑兼具计算机与手机的优点。首先，平板电脑屏幕尺寸较大，用户通过滑动屏幕可以浏览更多的页面。其次，对于想要详细了解的目标内容，用户可以选择将其放大，查看完毕后再恢复原状。最后，平板电脑体积纤巧，携带方便。平板电脑可以配备专用的鼠标与键盘，也可以通过滑动、捏合屏幕满足浏览需求。

许多软件推出不同的版本，分别适应计算机、手机、平板电脑的屏幕尺寸。用户无论选用哪一种设备，都能获得极佳的浏览体验。

图1-9所示为使用平板电脑浏览页面的生活场景。

图　1-9

6. 软件界面

用户选择合适的设备来使用软件，能提高操作的便利性，有利于得到更好的结果。根据设备的屏幕尺寸，软件界面的显示效果也会不同。

以绘图软件为例，使用台式计算机与笔记本最佳，因为界面的元素能全部显示，如图1-10所示，用户利用鼠标点击选用非常方便。

安装手机版本的绘图软件，只能查看图形或者添加简单的标识，无法自由绘图或随意编辑。这是由于手机屏幕尺寸的限制，使得软件不断精简自身功能，仅能满足用户最基本的需求。

图　1-10

1.1.3　UI界面设计的流程

UI界面设计的流程包括多个环节，如图1-11所示。

图　1-11

1. 数据收集

数据收集是根据产品定位搜集数据，包括确定目标用户、同类产品的相关信息等。确定目标用户后，根据用户的自身属性进行分析总结，了解用户的喜好、操作习惯等。以此为基础，初步确立制作方向。

2. 绘制草图

绘制草图是将收集到的数据以图形的方式表达出来，设计师需要绘制大量草图，与同事不断交流，根据最新数据更新设计方案。

3. 细节调整

细节决定成败。界面由各类元素组成，如图形、文字等。这些元素应该被和谐地整合在一个界面中，而不是顾此失彼。设计师需要针对现阶段的设计成果再斟酌，从中选取一个最佳方案。

4. 绘制界面

绘制界面是基本确定设计效果后，利用绘图软件绘制电子版。电子版呈现的效果与草图不同，原先的设想有可能在现阶段被推翻。所以需要设计师耐心地修改，直到工作完成。

5. 上线测试

上线测试是邀请用户参与在线测试，并一起探讨使用感受。设计师应该虚心纳谏，切忌以自我为中心。这一环节很重要，因为用户的感受与设计师不同。

6. 最终发布

最终发布是继续修改设计，直至设计趋于完善。最终发布后，设计师应继续关注用户的反馈，并及时作出修改。

1.1.4 UI设计的配色

配色和谐的界面会为用户提供舒适感，增强用户好感度。配色和谐不是笼统地指某种色系，而是包括色调统一、对比合理等。

1. 主色、辅助色、点睛色

主色决定页面的色彩风格，占据较大比例。选择一种色调，如同色系或邻近色的1～3种色调作为页面的主色。

辅助色为页面添加活力，比例比主色要小，主要是活跃画面，使画面富有动感，避免呆板。

点睛色所占比例最小，能抓住用户眼球，起到引导作用。作为点睛之笔，颜色的类型也要慎重选择。

如图1-12左边第一个案例所示，选择紫色调以及同色系作为主色，再添加人物（辅助色）与文字（点睛色），使画面活泼有朝气。需要注意的是，三个色调的比例并没有严格的标准，但是在搭配时要注意三者之间的对比关系，营造一个和谐的画面效果，如图1-12后三个案例所示。

图 1-12

2. 色彩原理

色调统一。根据APP的类型为其选择色彩，如绿色代表生命力，红色代表热情，蓝色代表开朗，有时候也代表沉静、忧郁。背景太亮或太暗都容易使人疲倦，文字的颜色太浅或太深也影响阅读。

对比合理。颜色有对比，画面才活跃。试想，如果黑色的背景搭配彩色的文字，结果是什么也看不见。黑色的背景，添加白色的文字，黑白分明，才让人容易分辨，即深色的背景+浅色的文字，浅色的背景+深色的文字。图形色彩的选择也遵循此理。

3. 颜色类别

颜色的类型并不是越多越好。太少显得乏味，太多又杂乱无章。以游戏APP为例，绚丽的场景，丰富的色彩，乍一看眼花缭乱，实则颜色的使用都被限制在一个范围内。调整颜色的色相、饱和度、明度，可以营造出五光十色却又有规律可循的彩色世界，如图1-13所示。

4. 颜色测试

以游戏APP为例。一款游戏上线，可以操作的设备包括手机、计算机以及平板电脑。不同的设备，色彩的显示效果不同。如何为不同的设备提供最优的色彩方案，需要经过不断测试。

图 1-13

1.1.5 UI界面设计的原则

UI界面设计的原则可以分为6个方面，如图1-14所示。

图 1-14

1. 了解用户

UI设计的目的是帮助用户顺利达成目标。为了实现这一目的，设计师需要了解用户的需求，知晓用户的技能水平与使用感受。

2. 层次清晰

用户在页面中操作，从第一个步骤到最后一个步骤，中间所经历的过程应该清楚明了。不必堆砌许多无用的装饰元素，或者设置繁杂的步骤。

3. 容纳错误

用户操作时难免发生错误，此时如果要推倒重来，不仅浪费时间，也容易引起用户的反感。允许用户撤销错误操作，保留正确操作就显得很重要。

4. 及时提醒

用户结束某项操作后，系统应及时提醒，告知用户继续进行下一步骤。提供简单的提醒，不仅能帮助用户确定已有操作，也能安心地继续使用APP。

5. 提供反馈

不同的用户使用同一APP会有不同的感受，应提供反馈渠道，及时接收用户的评论，有助于APP及时改进。

6. 风格统一

用户为了完成一项任务，往往需要接连在几个页面中操作。每个页面的操作环境应保持一致，如果每个页面都个性十足，容易引起用户的视觉混乱。高度统一的页面，有助于提升用户的操作效率。

1.2 UI界面设计的软件

UI界面设计师需要掌握绘图软件，才可以满足日常工作需要。至少需要掌握Photoshop与Illustrator 两个软件。当然，能够熟练运用的软件越多，表达设计结果的方式也越多。

1.2.1 Adobe Photoshop

Photoshop是由Adobe Systems开发和发行的图像处理软件，如图1-15所示，主要处理以像素构成的数字图像。

从功能上看，Photoshop可分为图像编辑、图像合成、校色调色及功能色效制作部分等。图像编辑是图像处理的基础，可以对图像做各种变换，如放大、缩小、旋转、倾斜、镜像、透视等；也可进行复制、去除斑点、修补、修饰图像的残损等。

在UI界面设计中，Photoshop发挥强大的图像处理能力，帮助设计师规划页面布局、编排页面内容、输入页面文字，最后输出指定格式的文件，最终应用到实际工作中。

目前，Adobe已经发布2023版本的Photoshop。

图 1-15

■ 矩形工具

Photoshop提供多种绘制形状的工具，如矩形、椭圆、多边形等。在工具箱中选择"矩形工具"，如图1-16所示。在画板中单击指定起点，按住鼠标左键不放朝对角方向拖动光标绘制矩形，如图1-17所示。此时，可以预览矩形的绘制结果，并且在矩形的一侧实时显示矩形的尺寸参数。

图 1-16   图 1-17

在合适的位置松开鼠标左键，完成矩形的绘制，如图1-18所示。观察矩形，发现在矩形的轮廓上显示方形夹点，在矩形的内部显示圆形夹点。

将光标放置在内部圆形夹点上，按住鼠标左

键不放，向内拖曳光标，可以实时更改矩形的圆角，如图1-19所示。松开鼠标左键后，得到圆角矩形。

将光标放置在方形夹点上，光标显示为双箭头形状↔，按住鼠标左键不放，朝上下左右四个方向拖曳光标，调整矩形的宽高尺寸。

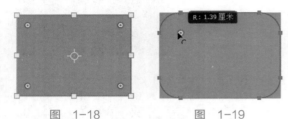

图 1-18　　　　　图 1-19

选择矩形，在属性面板中显示矩形的参数，如图1-20所示，包括宽高尺寸、填色、描边以及圆角半径值。选择矩形工具后在画板的空白处单击，打开"创建矩形"对话框，如图1-21所示。设置参数后单击"确定"按钮，即可创建矩形。

图 1-20　　　　　图 1-21

■ 椭圆工具

在工具箱中选择"椭圆工具"，如图1-22所示。在画板中单击指定起点，拖曳光标绘制椭圆。在预览绘制结果的同时，在椭圆的右侧显示长轴与短轴的尺寸，如图1-23所示。

图 1-22　　　　　图 1-23

在合适的位置松开鼠标左键，绘制椭圆的结果如图1-24所示。如果想绘制正圆，在调用椭圆工具后，按住Shift键再拖曳光标，如图1-25所示，此时可以预览正圆的绘制效果。

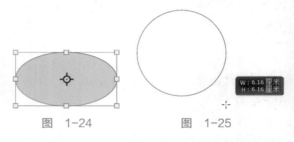

图 1-24　　　　　图 1-25

正圆的绘制结果如图1-26所示。选择椭圆工具后在画板中单击，打开"创建椭圆"对话框，如图1-27所示。"宽度""高度"参数值相同，可以创建正圆，反之则创建椭圆。

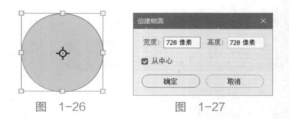

图 1-26　　　　　图 1-27

在属性面板中更改椭圆的尺寸参数、填充颜色、描边颜色及大小，效果如图1-28所示。

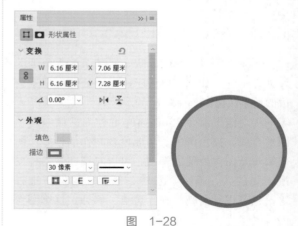

图 1-28

■ 多边形工具

在工具箱中选择"多边形工具"，如图1-29所示。在画板中单击指定起点并拖曳光标，预览绘制多边形的结果，如图1-30所示。

角，如图1-36所示。

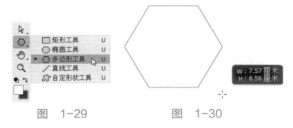

图　1-29　　　　　　图　1-30

为了保持多边形的比例，在绘制的过程中需要按住Shift键。在合适的位置松开鼠标左键，完成多边形的绘制，如图1-31所示。与矩形不同，多边形的内部只有一个圆形夹点。激活圆形夹点，按住鼠标左键不放向内拖曳光标，可以同时修改多边形的圆角半径值，如图1-32所示。

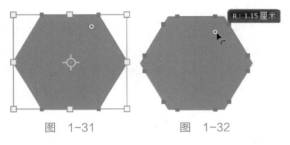

图　1-31　　　　　　图　1-32

结束操作后，观察多边形添加圆角后的效果，如图1-33所示。选择多边形工具后在画板中单击，打开"创建多边形"对话框。分别设置"宽度""高度"以及"边数"等参数，如图1-34所示。单击"确定"按钮，即可按照所设定的条件创建多边形。

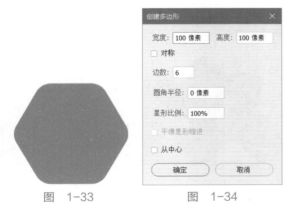

图　1-33　　　　　　图　1-34

在属性面板中将"星形比例"设置为50%，可以创建五角星，如图1-35所示。勾选"平滑星形缩进"复选框，可以以平滑曲线连接多边形的各个

图　1-35

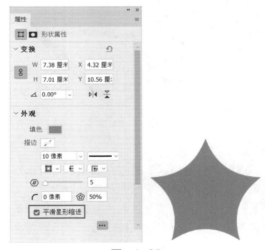

图　1-36

■　直线工具

选择"直线工具"，如图1-37所示。在画板中单击指定起点，按住Shift键向右拖动光标，预览绘制直线的效果，如图1-38所示。在右上角的文本框中，实时显示直线的角度与长度。

图　1-37　　　　　　图　1-38

在合适的位置松开鼠标左键，观察绘制水平线段的结果，如图1-39所示。按住Shift键向下移动光标，绘制垂直线段；向右上角、右下角移动光标，绘制45°直线，如图1-40所示。

图 1-39   图 1-40

选择直线，在属性面板中设置尺寸与角度参数、填充颜色、描边颜色与大小，如图1-41所示。

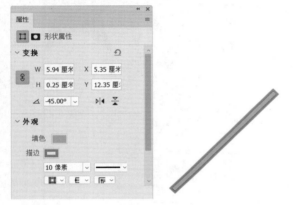

图 1-41

■ 自定形状工具

选择"自定形状工具"，如图1-42所示。在"形状"列表中选择形状，如图1-43所示。列表中的形状可以从外部导入，也可以在图形的基础上执行"定义自定形状"操作后，将图形转换为形状，并添加至列表。

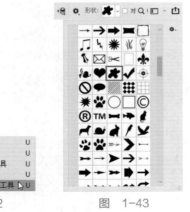

图 1-42   图 1-43

按住Shift键拖曳光标，预览绘制形状的结果，如图1-44所示。在合适的位置松开鼠标左键，形状的绘制结果如图1-45所示。

激活形状四周的方形夹点，可以更改宽高尺寸。或者将光标放置在四个角点的旁边，当光标显示为↱形状时，按住鼠标左键不放并移动光标可以旋转形状。

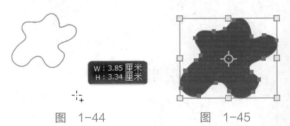

图 1-44   图 1-45

选择直接选择工具↳，单击形状，显示夹点。单击激活其中一个夹点，如图1-46所示，通过编辑夹点来调整形状。选择自定形状工具后，在画板中单击，打开"创建自定形状"对话框，如图1-47所示。设置参数后单击"确定"按钮，即可创建形状。

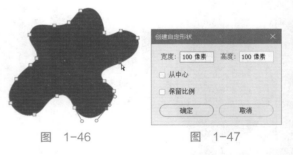

图 1-46   图 1-47

选择形状，在属性面板中设置宽高参数、旋转角度、翻转方向、填充与描边颜色，如图1-48所示。

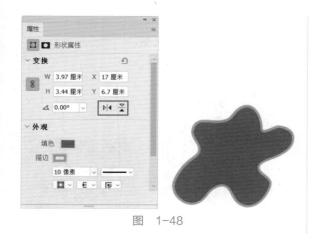

图 1-48

■ 自由变换

进入自由变换模式，可以对图形执行多种编辑操作。选择图形后，执行"编辑"|"自由变换"命令，如图1-49所示，或者使用Ctrl+T组合键，都可以进入自由变换模式。

此时，图形的四周显示白色的方形夹点，中心点位于图形中间，如图1-50所示。值得注意的是，中心点可以自由移动，并非固定不变。移动中心点后，图形的旋转基点也随之更改。

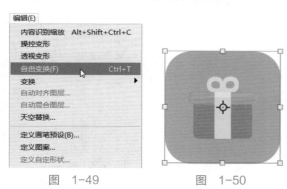

图 1-49   图 1-50

在图形上右击，打开如图1-51所示的快捷菜单。选择"缩放"选项，将光标放置在图形的角点上，光标显示为形状，如图1-52所示，按住鼠标左键不放来回拖动光标，可以放大或者缩小图形。

选择"旋转"选项，光标显示为形状，将光标放置在图形的一侧，按住鼠标左键不放移动光标，图形以中心为基点进行旋转，如图1-53所示。按住Shift键，每移动一次光标，图形旋转15°。

选择"斜切"选项，将光标放置在水平或者垂直夹点上，按住鼠标左键不放移动光标即可斜切图形，效果如图1-54所示。

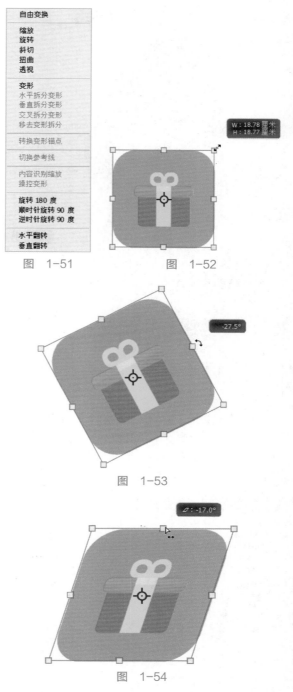

图 1-51   图 1-52

图 1-53

图 1-54

选择"扭曲"选项，将光标放置在角点上，按住鼠标左键不放移动光标，图形随之扭曲，如图1-55所示。

选择"透视"选项，光标激活任意角点，按住鼠标左键不放，移动光标的同时更改图形透视效果，如图1-56所示。

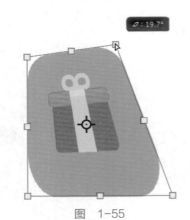

图 1-55

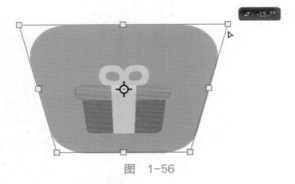

图 1-56

此外，"顺时针旋转90度""逆时针旋转90度""水平翻转""垂直翻转"命令都可以翻转图形。

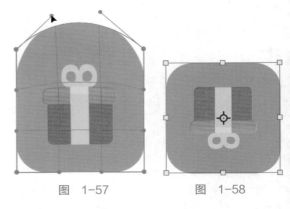

图 1-57　　　　　　图 1-58

■ 图层样式

图层样式的类型包括斜面、浮雕、描边、内阴影以及内发光、光泽等。通过为图形添加图层样式，可以更改图形的显示效果，提升图形的质感。

选择椭圆工具绘制一个正圆，双击圆形图层，打开"图层样式"对话框。在对话框的左侧，显示所有图层样式的名称。选择"斜面和浮雕"样式，在对话框的右侧设置参数，如图1-59所示。

Photoshop支持同时为图形添加多个图层样式。继续选择"投影"样式，在参数列表中设置"混合模式""不透明度"等参数，如图1-60所示。

选择"变形"选项，在图形上显示多个夹点。激活夹点，通过编辑夹点执行变形操作，如图1-57所示。选择"旋转180度"选项，图形被翻转180度，结果如图1-58所示。

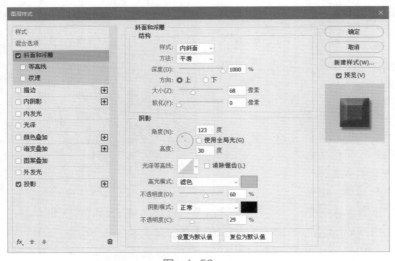

图 1-59

图 1-60

单击"确定"按钮，观察同时为圆形添加"斜面和浮雕"样式与"投影"样式后的显示效果，如图1-61所示。

再复制一个椭圆，更改填充颜色，以圆心为基点向内缩小。双击拷贝圆形，在"图层样式"对话框中为其添加"内阴影"样式，参数设置如图1-62所示。

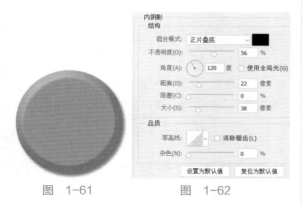

式，按住鼠标左键不放，将样式拖动至面板右下角的垃圾桶图标，可以删除样式。

图 1-61　　　　图 1-62

再选择"外发光"样式，设置参数如图1-63所示。在用户调整样式参数时，可以实时预览图形的变化效果，在效果满意后再关闭对话框。

为拷贝得到的圆形添加图层样式的结果如图1-64所示。

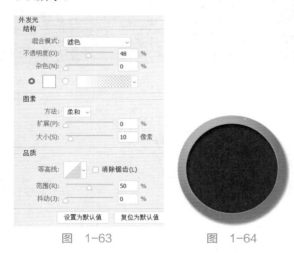

图 1-65

图 1-63　　　　图 1-64

Photoshop不仅能为图形添加图层样式，文字也可以。选择横排文字工具，在圆形上输入文字。双击文字图层，也可以打开"图层样式"对话框。依次添加"斜面和浮雕""投影"样式，参数设置如图1-65所示。

关闭对话框后，文字的显示效果如图1-66所示。在图层面板中，在图层的下方显示已添加样式的名称。单击名称前的眼睛符号，在开/关模式之间切换，可以显示/隐藏样式效果。选择图层样

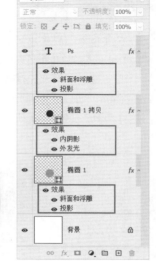

图 1-66

1.2.2 Adobe Illustrator

Illustrator是一款专业图形设计工具，提供丰富的像素描绘功能以及顺畅灵活的矢量图编辑功能，如图1-67所示。其能够快速创建设计工作流程，可以为屏幕、网页或打印产品创建复杂的设计和图形元素，支持许多矢量图形处理功能，提供了一些典型的矢量图形工具，如三维原型、多边形和样条曲线等。

Illustrator具有强大的排版功能，借助此软件，设计师能轻松地将杂乱无章的图文编排成一个规范的版面。当然，前提是设计师拥有熟练的操作技能以及了然于心的设计方案。

Illustrator为UI设计师提供帮助，包括绘制矢量图形、设计字体以及组合图形、创建智能对象等。Illustrator文件能够输出至Photoshop中进行再编辑，极大地提高了工作效率。2022版本的Illustrator可以把文件中的图层导入Photoshop程序，方便设计师调用。

Adobe公司已经发布2023版本的Illustrator。

图 1-67

1.3 本章小结

本章介绍UI界面设计的基础知识，是希望用户在开始学习界面设计之前，先对界面设计有一定的了解。知识点包括UI界面设计的概念与类型、设计流程与配色、设计原则与设计软件。

限于篇幅，本章无法详细介绍所有的知识点，只能择其重点来概述。由于本书案例所使用的软件为Photoshop，所以介绍常用的绘图工具，如矩形、椭圆以及多边形等。在后续的案例练习中，会频繁地使用这些工具。此外，变换模式能更改图形的外观与角度，图层样式能为图形增强质感表现。

第2章

UI界面元素设计

UI界面包含多种元素，本章介绍按钮、导航栏以及搜索列表、对话框、播放器控件的绘制方法。用户学习本章的内容后，能够对元素的设计与绘制有一个完整的认识，为后续的进一步学习打下基础。

2.1 按钮

使用UI界面的过程中，用户会频繁地接触各种类型的按钮。通过单击按钮，可以打开页面，查阅内容。或者根据提示信息单击按钮，执行完整的操作过程，得到期望的结果。

以下简要叙述按钮的设计规范，以及各类常见按钮的绘制方法。

2.1.1 按钮的设计规范

了解按钮的设计规范，在构思按钮设计的过程中就有据可循，帮助设计师制作符合用户需求的按钮。

1. 按钮的尺寸

手机、平板电脑以及计算机的屏幕空间有限，在有限的空间内添加尺寸规范的按钮，不仅能直观地传达信息，也方便用户点击。

按钮的尺寸过小，排列过于紧密，不利于用户点击，还有可能误击按钮。尺寸过大，占用屏幕空间，影响屏幕中其他信息的展现，需要用户频繁地翻页查询内容，体验感差。

通常，使用食指与拇指点击按钮的情况较多。食指点击目标尺寸为44px×44px。拇指点击目标尺寸为72px×72px。

2. 按钮的类型

大致将按钮的类型分为悬浮型、凸起型、扁平型。

悬浮型按钮常被放置在显眼的位置，方便用户操作。样式简洁，配色突出，图案简单，能使人一目了然按钮的功能。图2-1所示为悬浮型按钮的制作效果。

凸起型按钮容易引发用户去点击，常被作为最重要的按钮放置在页面中。可以通过颜色来划分相同类型的按钮，如图2-2所示。用户通过点击该类型的按钮可以实现某项操作，如确定、关闭、前进、撤销等。

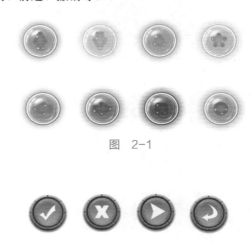

图 2-1

图 2-2

扁平型按钮通过样式或颜色与页面中的其他内容进行区分。假如页面中需要添加的按钮较多，建议使用扁平型按钮。扁平型按钮能与页面中的文字或图形营造统一且富有变化的效果，避免呆板，使画面得到平衡。

图2-3所示为扁平型按钮的绘制结果。

图 2-3

2.1.2 绘制开始游戏按钮

本节介绍开始游戏按钮的绘制。首先使用矩形工具绘制按钮的轮廓，接着在此基础上添加层次，如阴影、高光等，丰富按钮的表现效果。最后输入文字。为了增加文字的立体感还添加了投影。

■ 绘制轮廓

▶01 启动Photoshop应用程序，执行"文件"|"新建"命令，打开"新建文档"对话框。设置参数后单击"创建"按钮，新建文件。

▶02 在工具箱中选择矩形工具▢，设置填充色为蓝色（#1674e0），在属性面板中设置圆角半径，拖曳光标绘制圆角矩形，结果如图2-4所示。

图 2-4

▶03 新建一个图层，重命名为"渐变"。选择渐变工具▢，指定渐变类型为"从前景色到透明渐变"，双击 ▦ 下拉按钮，打开"渐变编辑器"对话框，颜色参数设置如图2-5所示。

图 2-5

▶04 选择径向渐变工具▢，拖曳光标创建渐变，效果如图2-6所示。

▶05 选择"渐变"图层，使用Alt+Ctrl+G组合键创建剪贴蒙版，并修改混合模式与不透明度，如图2-7所示。

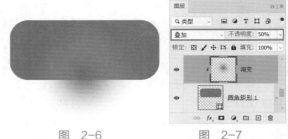

图 2-6　　　　　图 2-7

▶06 执行上述操作后，图形的显示效果如图2-8所示。

▶07 选择圆角矩形，使用Ctrl+J组合键复制。更改复制矩形的颜色为白色，并向上移动矩形，如图2-9所示。

图 2-8　　　　　图 2-9

> **提示**　径向渐变更改图层混合模式与不透明度后，显示效果并不明显。因为这只是为圆角矩形添加了局部效果，后续还要再添加其他类型的样式，最终得到一个效果丰富的按钮图形。

▶08 双击白色圆角矩形，打开"图层样式"对话框，添加"渐变叠加""投影"样式，参数设置如图2-10所示。

图 2-10

图　2-10（续）

▶09 单击"确定"按钮，观察添加样式后矩形的显示效果，如图2-11所示。

图　2-11

▶10 向上复制圆角矩形，删除图层样式，更改填充颜色为青色（#60d3f0），如图2-12所示。

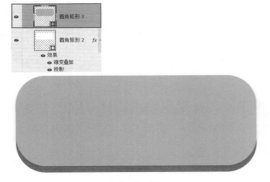

图　2-12

▶11 选择在上一步骤中复制的青色圆角矩形，使用Ctrl+J组合键复制，为其添加黑色描边，并向上移动矩形，如图2-13所示。

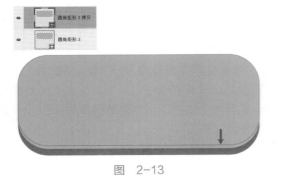

图　2-13

▶12 按住Ctrl键，单击"圆角矩形3拷贝"图层的缩览图，创建选区，如图2-14所示。

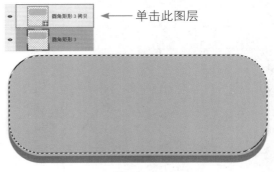

图　2-14

提示　为圆角矩形添加黑色描边，是为了方便识别。

▶13 选择"圆角矩形3"图层，右击，在弹出的快捷菜单中选择"栅格化图层"选项。按Delete键删除选区内容，并关闭"圆角矩形3拷贝"图层，如图2-15所示。

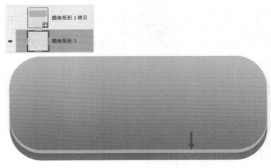

图　2-15

▶14 更改图层的混合模式与填充值，图形的显示效果如图2-16所示。

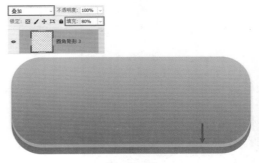

图　2-16

▶15 将前景色设置为黑色。选择渐变工具▦，为"圆角矩形3"图层添加图层蒙版，在蒙版中绘制线性渐变，创造渐隐效果，如图2-17所示。

图 2-17

▶16 按住Ctrl键单击"圆角矩形2"的缩览图，创建选区，如图2-18所示。

图 2-18

▶17 新建一个图层，重命名为"质感"。选择渐变工具▦，设置填充类型为"从前景色到透明"，在"渐变编辑器"对话框中设置参数，如图2-19所示。

图 2-19

▶18 在选区的下方创建线性渐变，并调整图层的不透明度，操作效果如图2-20所示。

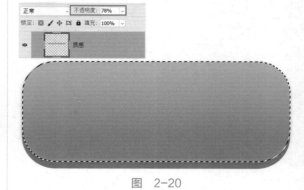

图 2-20

■ 添加光影

▶01 选择钢笔工具✐，在图形的左上角绘制路径，如图2-21所示。

图 2-21

▶02 使用Ctrl+Enter组合键转换为选区，新建一个图层，重命名为"高光"，填充白色，如图2-22所示。

图 2-22

▶03 为"高光"图层添加一个图层蒙版。选择渐变工具，设置前景色为黑色，指定渐变类型为"从前景色到透明"，在蒙版中绘制渐变，创建渐隐效果，如图2-23所示。

▶04 使用Ctrl+U组合键，打开"色相/饱和度"对话框，调整参数如图2-24所示。

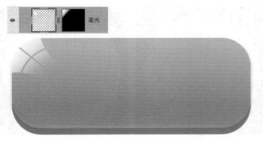

图　2-23

图　2-24

▶05 单击"确定"按钮关闭对话框，图形的显示
效果如图2-25所示。

图　2-25

■　最终结果

▶01 选择横排文字工具 **T**，选择合适的字体与字
号，输入白色文字，如图2-26所示。

图　2-26

▶02 双击文字，打开"图层样式"对话框，添加
"投影"样式，参数设置如图2-27所示。

▶03 单击"确定"按钮关闭对话框，按钮的最终
效果如图2-28所示。

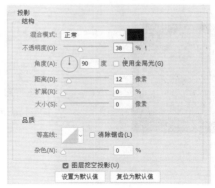

图　2-27

图　2-28

2.1.3　绘制撤销按钮

本节介绍撤销按钮的绘制方法。绘制具有透
明质感的按钮，需要添加"内阴影"图层样式，
并修改图层的填充值。必要时还可以利用渐变工
具辅助绘制。通过降低图层的填充值，可以使图
层中的图形具有通透的质感。根据需要的效果调
整填充值即可。

■　绘制轮廓

▶01 启动Photoshop应用程序，执行"文件"|"新
建"命令，打开"新建文档"对话框。设置参数
后单击"创建"按钮，新建文件。

▶02 选择椭圆工具 ◯，设置填充色为黄色
（#f2b305），描边为无，按住Shift键绘制正圆，
如图2-29所示。

▶03 双击圆形，打开"图层样式"对话框，添加
"内阴影"样式，参数设置如图2-30所示。

◀提示　　这里选择黑色背景，为的是能清楚地
显示按钮通透的质感。

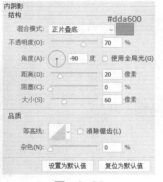

图 2-29　　　　　　图 2-30

图 2-32　　　　　　图 2-33

>04 继续添加"渐变叠加""投影"样式，参数设置如图2-31所示。

图 2-34

图 2-31

>05 单击"确定"按钮，为圆形添加样式的效果如图2-32所示。

>06 选择圆形，使用Ctrl+J组合键向下复制，删除图层样式，更改填充颜色为白色，如图2-33所示。

>07 双击白色椭圆，在"图层样式"对话框中添加两个"内阴影"样式，参数设置如图2-34所示。

>08 单击"确定"按钮关闭对话框。调整图层的填充值，图形的显示效果如图2-35所示。

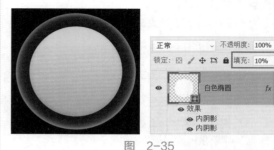

图 2-35

■ 添加光影

>01 选择椭圆工具 ◯，设置填充值为70%，圆形的显示效果如图2-36所示。

▶02 执行"滤镜"|"模糊"|"高斯模糊"命令，在"高斯模糊"对话框中设置半径值为8.2像素，如图2-37所示。

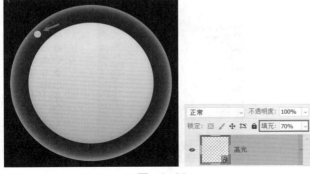

图 2-36　　　　　　　　　　　　　　图 2-37

▶03 单击"确定"按钮关闭对话框，为圆形添加高斯模糊效果，如图2-38所示。

图 2-38

▶04 重复上述操作，继续绘制白色圆形并为其添加高斯模糊效果，结果如图2-39所示。

图 2-39

提示　　此处绘制的椭圆不需要修改填充值，保持100%即可。

▶05 选择椭圆选框工具○，按住Shift键创建圆形选区，如图2-40所示。

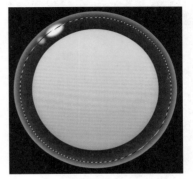

图 2-40

▶06 新建一个图层，重命名为"质感"。将前景色设置为白色，选择渐变工具■，指定渐变类型为"从前景色到透明渐变"，在圆形选区内创建径向渐变，如图2-41所示。

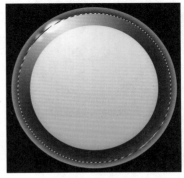

图 2-41

▶07 使用Ctrl+D组合键取消选区，更改图层的混合模式以及不透明度值，如图2-42所示。

图 2-42

▶08 选择椭圆工具○，设置填充颜色为橙色（#ed7f07），描边为无，按住Shift键绘制正圆，如图2-43所示。重命名椭圆图层为"标志"。

图 2-43

■ 绘制箭头

▶01 选择椭圆选框工具○、矩形选框工具▢，绘制如图2-44所示的选区。

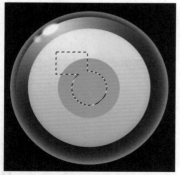

图 2-44

▶02 单击图层面板下的"添加图层蒙版"按钮▣，为标志图层添加图层蒙版。在选区内填充黑色，遮盖图形的效果如图2-45所示。

▶03 选择自定形状工具✿，设置填充色为橙色

（#ed7f07），描边为无，在形状列表中选择三角形，如图2-46所示。

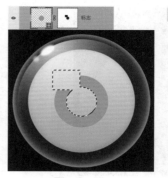 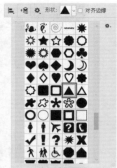

图 2-45　　　　　　图 2-46

▶04 绘制三角形，并调整位置与尺寸，如图2-47所示。

图 2-47

▶05 选择绘制完毕的两个图形，使用Ctrl+G组合键创建成组。双击组，打开"图层样式"对话框，添加"内阴影"样式，参数设置如图2-48所示。

图 2-48

▶06 再添加"投影"样式，参数设置如图2-49所示。

图　2-49

图　2-51　　　　　　　图　2-52

▶07 单击"确定"按钮关闭对话框，结束按钮的绘制，结果如图2-50所示。

▶04 选择在步骤（2）中绘制的黄色（#ffd909）矩形，使用Ctrl+J组合键向上复制，更改填充颜色为白色，并调整图形的尺寸，如图2-53所示。

▶05 双击白色矩形，打开"图层样式"对话框，添加"内阴影"样式，设置参数如图2-54所示。

图　2-50

图　2-53　　　　　　　图　2-54

▶06 再添加"渐变叠加"样式，参数设置如图2-55所示。

2.1.4　绘制立即购买按钮

本节介绍立即购买按钮的绘制方法。为了给按钮添加层次，可以执行复制、移动等操作，并更改图形的填充颜色，利用位置、颜色的对比表现按钮的层次感。灵活地运用图层样式，可以增加按钮的质感。

■ 绘制形状

▶01 启动Photoshop应用程序，执行"文件"|"新建"命令，打开"新建文档"对话框。设置参数后单击"创建"按钮，新建文件。

▶02 选择矩形工具 ，设置填充颜色为黄色（#ffd909），描边为无，设置圆角半径值，拖曳光标绘制矩形，如图2-51所示。

▶03 选择矩形，使用Ctrl+J组合键向下移动复制。更改填充颜色为橙色（#ff9000），重定义圆角半径值，如图2-52所示。

图　2-55

▶07 单击"确定"按钮关闭对话框，为矩形添加样式的效果如图2-56所示。

图　2-56

▶08 选择已添加样式的矩形，使用Ctrl+J组合键向上复制，删除图层样式。更改填充颜色为橙色（#ff9c01），如图2-57所示。

▶09 继续使用Ctrl+J组合键复制橙色（#ff9c01）

矩形，更改矩形的填充颜色为白色，如图2-58所示。

图 2-57　　　　图 2-58

提示　　创建白色矩形的目的是创建选区，通过执行减去选区内容的操作，得到表示厚度的图形。

▶10 按住Ctrl键单击白色矩形图层缩览图，创建选区，如图2-59所示。

▶11 选择在步骤（8）中创建的矩形，右击，在弹出的快捷菜单中选择"栅格化图层"选项。按Delete键删除选区内容，最后关闭白色矩形图层，效果如图2-60所示。

图 2-59　　　　图 2-60

▶12 选择椭圆工具○，设置填充色为黄色（#ffb401），描边为无，绘制的椭圆如图2-61所示。

▶13 打开在步骤（9）中创建的白色矩形，按住Ctrl键，单击白色矩形图层缩览图，创建选区，如图2-62所示。

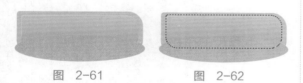

图 2-61　　　　图 2-62

▶14 选择"椭圆1"图层，单击图层面板下方的"添加图层蒙版"按钮◻，遮挡部分椭圆的效果如图2-63所示。

图 2-63

■　绘制按钮

▶01 选择椭圆工具○，设置填充色为红色（#e14a00），描边为无，按住Shift键绘制正圆，结果如图2-64所示。

图 2-64

▶02 双击正圆，打开"图层样式"对话框，添加"内阴影""投影"样式，参数设置如图2-65所示。

图 2-65

▶03 单击"确定"按钮关闭对话框，正圆添加样式的效果如图2-66所示。

▶04 选择自定形状工具✿，设置填充色为白色，描边为无，在形状列表中选择三角形，按住Shift键绘制图形，如图2-67所示。

图 2-66　　　　图 2-67

▶05 双击三角形，在"图层样式"对话框中添加"投影"样式，参数设置如图2-68所示。

▶06 单击"确定"按钮关闭对话框，三角形的显示效果如图2-69所示。

图 2-68　　　　　图 2-69

■ 最终结果

▶01 选择横排文字工具 **T**，选择合适的字体与字号，输入文字如图2-70所示。

图 2-70

▶02 双击文字，在"图层样式"对话框中添加"投影"样式，参数设置如图2-71所示。

图 2-71

▶03 单击"确定"按钮关闭对话框，完成按钮的绘制，最终结果如图2-72所示。

图 2-72

2.2 导航

导航容纳APP的主要功能，通过单击图标或者文字，可以进入指定页面，查看相关信息。导航的类型多样，如图标式导航栏、列表式导航栏等。利用不同的方式编排内容，导航会有不同的表现效果。

本节介绍导航的设计规范以及常见导航的绘制方法。

2.2.1 导航的设计规范

APP界面中的导航用来组织信息分层，向用户展示APP的功能要素。信息分层应该简洁明了，易操作，无须用户频繁翻页查找。

在规划导航时，先将最重要、最核心的功能放置在第一层页面，次要功能放置在第二层页面，以此类推，其他内容放置在第三层页面。

导航的类型可以分为标签式导航、列表式导航、宫格式导航以及其他类型的导航。

1. 标签式导航

标签式导航是最常见的导航之一。大部分APP使用这种类型的导航，其具有功能清晰、切换快捷等优点。图2-73所示为不同类型的APP运用底部标签式导航的效果。

底部标签导航容纳的图标通常为3～5个，超出5个，会增加用户操作的难度，引起认知上的混乱。假如APP的功能很多，也不需要逐一在导航中展现。可以将其中一部分功能安排在第二层页面，或者设置一个名为"更多"的按钮，点击该按钮，可以显示隐藏的功能。

2. 列表式导航

列表式导航符合用户的阅读习惯，信息左对齐，并添加右箭头引导用户进入下一层级。列表式导航帮助用户管理个人信息，常用作第二层页面，广泛用于APP和网页。

图2-74所示为APP个人信息页面中列表式导航的运用效果。

3. 宫格式导航

宫格式导航占据页面的较大空间，信息入口独立，相互之间不产生交叉。操作顺序为，点击进入A页面→退出返回主页面→点击进入B页面。

图 2-73

图 2-74

宫格式导航的优点是信息展示清晰，方便用户操作。不足之处是，如果需要频繁切换页面，则需要用户多次返回主页面，无法在多个入口之间灵活跳转。

图2-75所示为在APP中运用宫格式导航的效果。

图 2-75

2.2.2 绘制图标式导航

本节介绍图标式导航的绘制方法。简单的图标可以通过图形组合得到，再为其更改颜色、添加样式，得到比较理想的表现效果。复杂的图标绘制完成后可以存储至计算机中，方便后续工作过程中随时调用。

■ 绘制形状

▶01 启动Photoshop应用程序，执行"文件"|"新建"命令，打开"新建文档"对话框。设置参数后单击"创建"按钮，新建文件。

▶02 选择矩形工具▢，设置填充色为深蓝色（#00374c），描边为无，调整矩形左下角与右下角的圆角半径值，拖曳光标绘制矩形，如图2-76所示。

图 2-76

▶03 继续绘制矩形，更改填充色为青色（#00b8c8），设置左上角与右上角的圆角半径值，绘制结果如图2-77所示。

图 2-77

▶04 使用Ctrl+J组合键向下复制青色矩形，更改填充色为灰色（#c5c5c5），利用键盘中的↑键向上移动矩形，如图2-78所示。

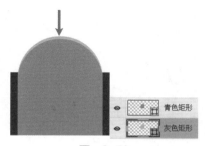

图 2-78

▶05 选择椭圆工具◯，设置填充色为无，描边为白色，按住Shift键绘制正圆，如图2-79所示。

▶06 选择横排文字工具**T**，选择合适的字体与字号，输入+，如图2-80所示。

图 2-79　　　　图 2-80

▶07 选择圆形与加号，使用Ctrl+G组合键创建组。双击组，打开"图层样式"对话框，添加"投影"样式，参数设置如图2-81所示。

▶08 单击"确定"按钮关闭对话框，图形的显示效果如图2-82所示。

图 2-81　　　　图 2-82

▶09 选择钢笔工具✐，设置填充色为青色（#2c9099），描边为无，在青色矩形上绘制如图2-83所示的图形，重命名为"光影"。

图 2-83

▶10 使用Alt+Ctrl+G组合键，创建剪贴蒙版，隐藏图形的多余部分，结果如图2-84所示。

图 2-84

■ 添加按钮

▶01 选择矩形工具▢，设置填充色为无，描边为白色，拖曳光标绘制如图2-85所示的图形。

图 2-85

▶02 选择直线工具 ／，设置填充色为白色，描边为无，按住Shift键绘制水平线段，如图2-86所示。

图 2-86

▶03 选择绘制完毕的矩形与直线，使用Ctrl+G组合键创建组，重命名为"便签"。双击组，在"图层样式"对话框中添加"投影"样式，参数设置如图2-87所示。

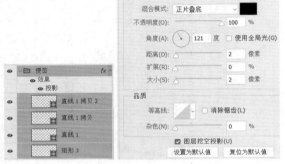

图 2-87

▶04 单击"确定"按钮关闭对话框，为图形添加投影的效果如图2-88所示。

图 2-88

▶05 选择椭圆工具 ○，设置填充色为无，描边为白色，按住Shift键绘制正圆，如图2-89所示。

图 2-89

▶06 选择矩形工具 ▢，设置填充色为白色，描边为无，绘制矩形并旋转45°，如图2-90所示。选择绘制完毕的圆形与矩形，使用Ctrl+G组合键创建组，重命名为"放大镜"。

图 2-90

▶07 选择矩形工具 ▢，设置填充色为无，描边为白色，拖曳光标绘制矩形，如图2-91所示。

图 2-91

▶08 选择钢笔工具 ⌀，设置填充色为无，描边为白色，在矩形内绘制线段，如图2-92所示。选择绘制完毕的矩形与线段，使用Ctrl+G组合键创建组，重命名为"邮箱"。

图 2-92

▶09 选择便签组中的"投影"样式，按住Alt键不放拖曳至放大镜组、邮箱组，复制样式的效果如图2-93所示。

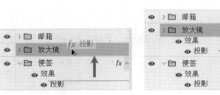
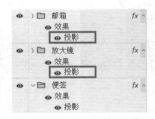

图 2-93

▶10 添加投影样式后图形的显示效果如图2-94所示。

▶11 选择钢笔工具 ⌀，设置填充色为无，描边为白色，绘制如图2-95所示的形状。

图　2-94

图　2-95

▶12 选择多边形工具⬡，设置填充为白色，描边为无，边数为3，按住Shift键绘制三角形，如图2-96所示。

▶13 选择矩形工具▭，设置填充色为白色，描边为无，绘制矩形与三角形相连，如图2-97所示。

图　2-96　　　　　　图　2-97

▶14 选择绘制完毕的形状、三角形与矩形，使用Ctrl+G组合键创建组，重命名为"云下载"。双击组，在"图层样式"对话框中添加"渐变叠加""投影"样式，参数设置如图2-98所示。

图　2-98

▶15 单击"确定"按钮关闭对话框，图形的显示效果如图2-99所示。

图　2-99

▶16 图标式导航栏的最终效果如图2-100所示。

图　2-100

2.2.3　绘制列表式导航

本节介绍列表式导航的绘制方法。布置图标时，需要注意图标的间距。通常图标都会等距排列，不会出现忽远忽近的情况。这时可以利用Photoshop中的对齐工具来编辑。

■　绘制侧边栏

▶01 启动Photoshop应用程序，执行"文件"|"新建"命令，打开"新建文档"对话框。设置参数后单击"创建"按钮，新建文件。

▶02 选择矩形工具▭，设置填充色为白色，描边为无，设置圆角半径值，拖曳光标绘制矩形，如图2-101所示。

▶03 打开"图标.psd"文件，选择图标，拖放至当前文件，并调整图标的尺寸与位置，如图2-102所示。

▶04 选择直线工具╱，设置填充色为灰色（#bcbcbc），描边为无，按住Shift键绘制水平线段，如图2-103所示。

▶05 选择椭圆工具◯，设置填充为蓝色（#addde9），描边为橙色（#ff6c00），按住Shift键绘制正圆，如图2-104所示。

▶06 打开"头像.png"文件，将其拖放至当前视图，并放置在"椭圆1"图层上方。使用Alt+Ctrl+G组合键，创建剪贴蒙版，隐藏头像多余部分，如图2-105所示。

▶07 选择横排文字工具**T**，在矩形的右上角输入×，如图2-106所示。

▶08 选择矩形工具 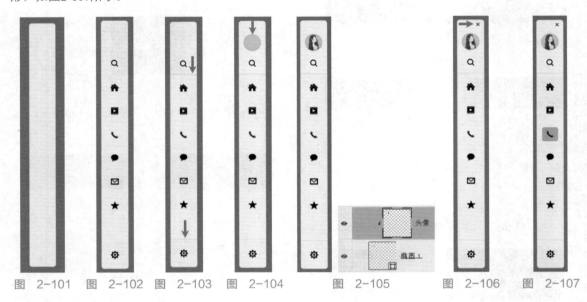，设置填充色为青色（#01e4ff），描边为无，设置圆角半径值，拖曳光标绘制矩形，如图2-107所示。

图 2-101　图 2-102　图 2-103　图 2-104　图 2-105　图 2-106　图 2-107

■ 绘制界面

▶01 选择绘制完成的侧边栏，按住Alt键向右移动复制。选择矩形与浅灰色直线，使用Ctrl+T组合键进入变换模式，将光标置于右侧夹点上，按住鼠标左键不放向右拖曳，调整矩形与直线的宽度，如图2-108所示。

▶02 选择横排文字工具 T，选择合适的字体与字号，在头像的右侧输入文字，如图2-109所示。

▶03 从"图标.psd"文件中选择星星图标，拖放至当前视图。选择星星，按住Alt键移动复制3个，等距布置星星的效果如图2-110所示。

图 2-108

图 2-109

图 2-110

▶04 从"图标.psd"文件中选择便签、二维码图标，拖放至当前视图，分别调整图标的尺寸与位置，如图2-111所示。

▶05 选择横排文字工具 T，选择合适的字体与字号，在便签图标右侧输入文字，如图2-112所示。

图　2-111

图　2-112

图　2-113

图　2-114

▶06 选择矩形工具 ▢，设置填充色为灰色（#dcdcdc），描边为无，设置圆角半径值，拖曳光标绘制矩形，如图2-113所示。

▶07 选择横排文字工具 T，在矩形内部输入文字，如图2-114所示。

▶08 继续在图标右侧输入标题文字，如图2-115所示。

▶09 选择钢笔工具 ✐，设置填充色为无，描边为黑色，在标题文字右侧绘制箭头，如图2-116所示。

▶10 选择箭头，按住Alt键向下移动复制，等距分布，如图2-117所示。

图　2-115

图　2-116

图　2-117

▶11 从"图标.psd"文件中选择主题、天气图标，拖放至当前视图，并调整尺寸与大小，如图2-118所示。

图 2-118

▶12 选择横排文字工具**T**，在图标的下方输入文字，文字与图标居中对齐，如图2-119所示。

图 2-119

▶13 选择侧边栏中青色矩形，按住Alt键向右移动复制，接着调整矩形的宽度，完成导航栏的绘制，结果如图2-120所示。

图 2-120

2.2.4 绘制滑动式导航

在使用手机APP时，用户会通过滑动屏幕去翻阅信息。在切换屏幕之际可预览其他页面的部分内容，本节介绍处在预览状态中的页面的表现效果。虽然页面没有完全显示在屏幕中，但是页面的内容已经可以提前预览。假如要操作页面中的选项，则需要完全切换至该页面。

■ 绘制背景

▶01 启动Photoshop应用程序，执行"文件"|"打开"命令，打开"音乐APP界面.png"素材，如图2-121所示。

▶02 将音乐APP界面向右移动，只在视图中显示一部分，如图2-122所示。

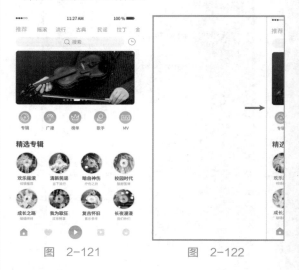

图 2-121　　　　　图 2-122

> **提示** 将APP界面向右移动，为的是模拟向右滑动界面的效果。

▶03 选择矩形工具▢，设置填充色为黑色，描边为无，参考保留界面的尺寸，绘制矩形覆盖界面，如图2-123所示。

▶04 在图层面板中更改矩形的不透明度值为50%，如图2-124所示。

> **提示** 向右滑动界面后，被隐藏的界面暗显，高亮显示当前界面。

▶05 选择矩形工具▢，设置填充色为橙色（#ff7800），描边为无，绘制矩形如图2-125所示。

▶06 打开"状态栏.png"素材，放置在橙色矩形的上方，如图2-126所示。

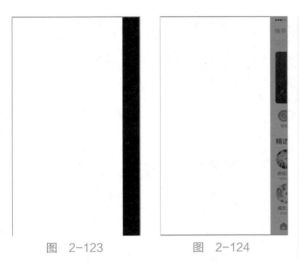

图 2-123　　　　　　图 2-124

图 2-125

图 2-126

▶07 选择椭圆工具〇，设置填充色为黑色，描边为无，按住Shift键绘制正圆，如图2-127所示。

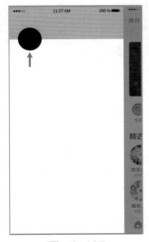

图 2-127

▶08 继续绘制椭圆，更改填充色为无，描边为洋红色（#ff0048）与灰色（#919191），按住Shift键绘制正圆，如图2-128所示。

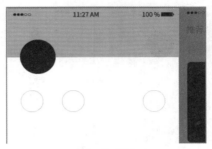

图 2-128

▶09 更改填充色为洋红色（#ff0048），描边为无，按住Shift键绘制正圆，如图2-129所示。

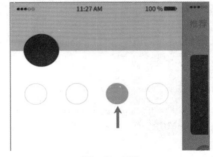

图 2-129

▶10 选择矩形工具▢，设置填充色为洋红色（#ff0048）、金色（#dda600）、灰色（#d2d2d2），描边为无，设置圆角半径值，拖曳光标绘制矩形，如图2-130所示。

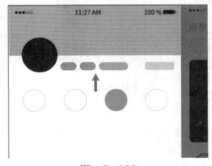

图 2-130

提示 先绘制需要的图形，再在图形上添加图标或者输入文字。

▶11 选择矩形工具▢，设置填充色为洋红色（#ff0048），描边为无，设置圆角半径值，拖曳光标绘制矩形，如图2-131所示。

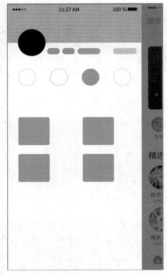

图 2-131

■ 添加元素

▶01 打开"小猫.jpg"素材，放置在圆形上。使用Alt+Ctrl+G组合键，创建剪贴蒙版，操作效果如图2-132所示。

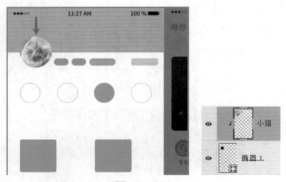

图 2-132

▶02 选择横排文字工具**T**，选择合适的字体与字号，在矩形上输入文字，如图2-133所示。
▶03 打开"图标.psd"文件，从中选择时钟、消息等图标，拖放至当前视图，调整尺寸与位置，如图2-134所示。
▶04 选择椭圆工具◯，设置填充色为红色（#ff0000），设置描边为无，按住Shift键绘制正圆，如图2-135所示。

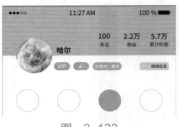

图 2-133

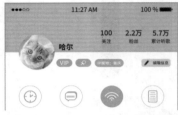

图 2-134

▶05 选择横排文字工具**T**，选择字体与字号，设置颜色为白色，在圆形上输入数字，如图2-136所示。

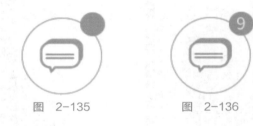

图 2-135　　　　　　　图 2-136

📢**提示**　圆形上的数字表示消息的总数。

▶06 继续输入文字，效果如图2-137所示。

图 2-137

▶07 打开"电台.jpg"素材，放置在矩形上。使用Alt+Ctrl+G组合键，创建剪贴蒙版，操作效果如图2-138所示。
▶08 重复上述操作，继续添加素材并创建剪贴蒙版，结果如图2-139所示。

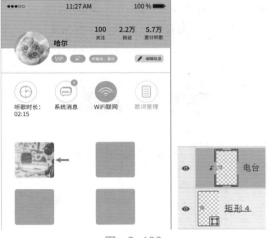

图 2-138

图 2-139

▶09 选择横排文字工具 **T**，选择合适的字体与字号，颜色为黑色，输入文字如图2-140所示。

图 2-140

▶10 选择矩形工具 ▭，设置填充色为洋红色（#ff0048），描边为无，在"音乐"文本下绘制矩形，如图2-141所示。

图 2-141

▶11 选择椭圆工具 ◯，设置填充色为洋红色（#ff0048），描边为无，按住Shift键拖曳光标绘制正圆，如图2-142所示。

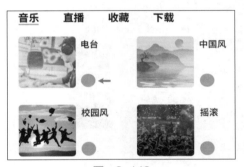

图 2-142

▶12 选择多边形工具 ◯，设置填充色为白色，描边为无，边数为3，按住Shift键绘制三角形，并将三角形放置在圆形上，如图2-143所示。

图 2-143

▶13 打开"火焰.png"素材，放置在文字下方，并按住Alt键移动复制，等距排列，如图2-144所示。

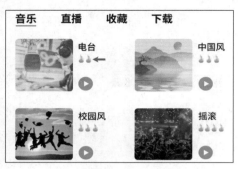

图 2-144

> **提示** 火焰图标表示该类型曲目受欢迎的程度。

▶14 选择横排文字工具 **T**，选择合适的字体与字号，设置颜色为洋红色（#ff0048）与黑色，输入文字如图2-145所示。

▶16 选择矩形工具 ▭，设置填充色为灰色（#e8e8e8），描边为无，拖曳光标绘制矩形，如图2-147所示。

图 2-147

▶17 更改填充色为洋红色（#ff0048），描边为无，设置圆角半径值，拖曳光标绘制矩形，如图2-148所示。

图 2-145

图 2-148

▶18 选择椭圆工具 ◯，设置填充色为白色，描边为无，按住Shift键绘制正圆，并与在步骤（17）中绘制的矩形对齐，如图2-149所示。

▶15 从"图标.psd"文件中选择图标，拖放至当前视图，放置在文字的前面，操作结果如图2-146所示。

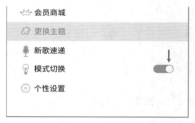

图 2-149

▶19 选择直线工具 ╱，设置填充色为灰色（#bbbbbb），描边为无，按住Shift键绘制水平线段，分隔界面，如图2-150所示。

▶20 最终的绘制结果如图2-151所示。

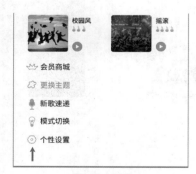

图 2-146

图 2-150　　　　　图 2-151

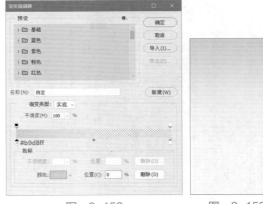

图 2-152　　　　　图 2-153

2.3 绘制其他类型的界面元素

由于篇幅原因，无法一一介绍界面的所有元素，本节选取常见元素来介绍其绘制方法，包括搜索列表、对话框以及播放器控件。其他类型的元素可以参考本节介绍的绘制方法来练习绘制。

2.3.1 绘制搜索列表

在搜索栏中输入待搜索的内容，系统会根据内容自动检索，并以列表的方式向用户展示智能搜索的结果。用户可以预先查阅列表中的内容，从中寻找符合需求的信息。如果没有，可以再次搜索。本节介绍搜索列表的绘制，需要注意内容的排列，重点显示核心信息，帮助用户快速定位搜索目标。

■ 绘制背景

▶01 启动Photoshop应用程序，执行"文件"|"新建"命令，打开"新建文档"对话框。设置参数后单击"创建"按钮，新建文件。

▶02 新建一个图层，选择渐变工具 ，指定渐变类型为"从前景色到透明渐变"，双击 打开"渐变编辑器"对话框，设置颜色参数如图2-152所示。

▶03 单击"线性渐变"按钮 ，从上至下拖动光标，创建线性渐变如图2-153所示。

▶04 选择矩形工具 ，设置填充色为白色，描边为无，设置左上角与右上角的圆角半径值，其余保持默认值，拖曳光标绘制矩形，如图2-154所示。

▶05 打开"状态栏.psd"文件，将状态栏放置在页面的上方，如图2-155所示。

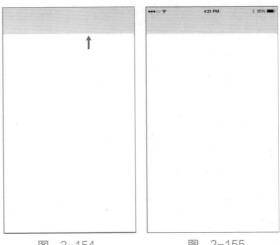

图 2-154　　　　　图 2-155

▶06 选择矩形工具 ，设置填充色为白色，描边为无，设置圆角半径值，拖曳光标绘制矩形，如图2-156所示。

图 2-156

▶07 双击矩形，弹出"图层样式"对话框，添加"投影"样式，参数设置如图2-157所示。

图 2-157

▶08 单击"确定"按钮关闭对话框，添加投影的效果如图2-158所示。

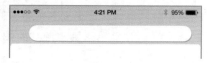

图 2-158

▶09 选择矩形工具 ▭，设置填充色为蓝色（#0084ff），描边为无，设置圆角半径值，拖曳光标绘制矩形，如图2-159所示。

图 2-159

▶10 选择椭圆工具 ○，设置填充色为灰色（#adadad），描边为无，按住Shift键拖曳光标绘制正圆，如图2-160所示。

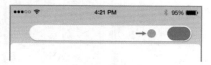

图 2-160

▶11 打开"图标.psd"文件，选择放大镜图标，调整尺寸后将其放置在蓝色矩形上方，如图2-161所示。

图 2-161

▶12 选择横排文字工具 T，设置颜色为白色，在灰色椭圆上绘制×符号，如图2-162所示。

图 2-162

▶13 选择矩形工具 ▭、多边形工具 ⬡，绘制撤销箭头，如图2-163所示。

图 2-163

▶14 选择横排文字工具 T，选择合适的字体与字号，设置颜色为灰色（#b8b8b8），输入搜索内容，如图2-164所示。

图 2-164

■ 绘制按钮

▶01 双击图2-154中绘制的白色矩形，打开"图层样式"对话框，添加"投影"样式，参数设置如图2-165所示。

图 2-165

▶02 单击"确定"按钮关闭对话框。选择矩形，使用Ctrl+T组合键进入变换模式，将光标放置在底边中间的夹点上，按住Shift键向上拖曳光标，将矩形的底边往上移动，操作结果如图2-166所示。

▶03 选择添加锚点工具 ✍，在矩形的底边单击添加锚点。再选择直接选择工具 ▱，单击并激活夹点，通过调整夹点的位置改变矩形的外观样式，如图2-167所示。

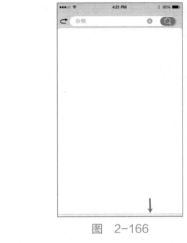

图 2-166

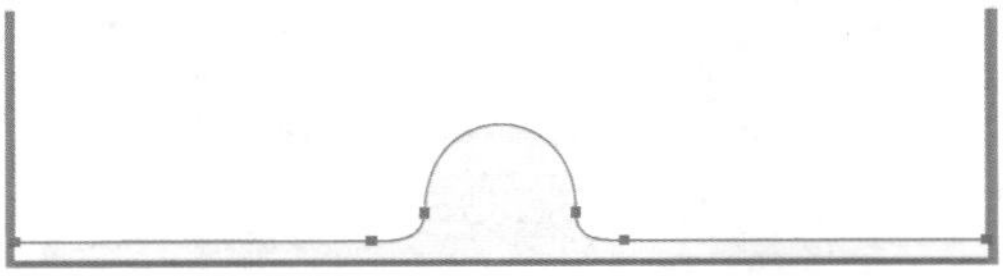

图 2-167

▶04 选择椭圆工具 ◯，设置填充色为白色，描边为无，按住Shift键拖曳光标绘制正圆，如图2-168所示。

图 2-168

▶05 双击圆形，打开"图层样式"对话框，添加"外发光"样式，参数设置如图2-169所示。

图 2-169

▶06 继续添加"投影"样式，参数设置如图2-170所示。

图 2-170

▶07 单击"确定"按钮关闭对话框，为圆形添加的效果如图2-171所示。

图 2-171

▶08 在"图标.psd"文件中选择麦克风图标，调整尺寸后将其放置在圆形上，如图2-172所示。

图 2-172

▶09 选择矩形工具 ▭，设置填充色为蓝色（#0084ff），描边为无，设置圆角半径值，拖曳光标绘制矩形，如图2-173所示。

图 2-173

▶10 双击矩形，打开"图层样式"对话框，添加"内阴影"样式，参数设置如图2-174所示。

图 2-174

▶️**11** 单击"确定"按钮关闭对话框，为矩形添加内阴影的效果如图2-175所示。

图 2-175

▶️**12** 在"图标.psd"文件中选择客服图标，调整大小后将其放置在蓝色矩形的左侧，如图2-176所示。

图 2-176

▶️**13** 选择横排文字工具**T**，在客服图标的右侧输入白色文字，如图2-177所示。

图 2-177

■ 输入列表内容

▶️**01** 选择直线工具╱，设置填充色为灰色（#e5e5e5），按住Shift键绘制水平线段，如图2-178所示。

▶️**02** 选择线段，按住Alt键向下移动复制，并等距排列，如图2-179所示。

图 2-178　　　　图 2-179

▶️**03** 选择矩形工具▭，设置填充色为灰色（#e5e5e5），描边为无，设置圆角半径值，拖曳光标绘制矩形，如图2-180所示。

图 2-180

▶️**04** 选择横排文字工具**T**，选择合适的字体与字号，输入黑色文字，如图2-181所示。

图 2-181

▶️**05** 在"图标.psd"文件中选择灰色放大镜，拖放至当前视图，放置在页面的左侧。按住Alt键复制多个副本，等距排列，如图2-182所示。

▶️**06** 选择横排文字工具 **T**，分别输入蓝色（#0084ff）与黑色文字，文字左对齐，效果如图2-183所示。

图 2-182　　　　图 2-183

▶️**07** 选择矩形工具▭，设置填充色为灰色（#d9d9d9），描边为无，设置圆角半径值，拖曳光标绘制矩形，如图2-184所示。

▶️**08** 选择横排文字工具**T**，在灰色矩形上输入黑色文字，完成搜索列表的绘制，如图2-185所示。

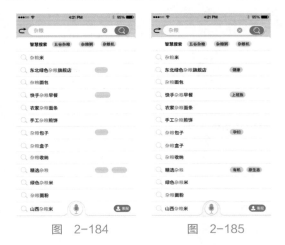

图　2-184　　　　　图　2-185

2.3.2　绘制调研对话框

调研对话框用来查询用户对于某项服务的使用体验，应避免长篇大论，否则用户很容易失去耐心。本节介绍调研对话框的绘制，为用户提供选项来调查其对于商品的满意度。不仅信息一目了然，用户也不需要花费过多的时间来操作。

▶01 启动Photoshop应用程序，执行"文件"|"新建"命令，打开"新建文档"对话框。设置参数后单击"创建"按钮，新建文件。

▶02 选择矩形工具▢，设置填充色为白色，描边为无，设置圆角半径值，拖曳光标绘制圆角矩形。

▶03 双击圆角矩形，打开"图层样式"对话框，添加"投影"样式，参数设置如图2-186所示。

图　2-186

▶04 单击"确定"按钮关闭对话框，添加投影后矩形的显示效果如图2-187所示。

图　2-187

 提示　为白色的矩形添加投影，能增加矩形的立体感，使其更容易识别。

▶05 选择直线工具╱，设置填充色为灰色（#c4c4c4），按住Shift键绘制水平线段，如图2-188所示。

图　2-188

▶06 选择横排文字工具**T**，选择合适的字体与字号，输入文字与×符号，如图2-189所示。

图　2-189

▶07 选择矩形工具 ▭，设置填充色为淡蓝色（#edf3ff），描边为无，拖曳光标绘制矩形，如图2-190所示。

图 2-190

▶08 更改填充色为蓝色（#0e85ff），描边为无，绘制矩形如图2-191所示。

图 2-191

▶09 选择横排文字工具 **T**，选择合适的字体与字号，设置颜色，输入文字与数字，如图2-192所示。

图 2-192

▶10 选择矩形工具 ▭，设置填充色为灰色

（#e4e4e4），描边为无，设置圆角半径值，拖曳光标绘制矩形，如图2-193所示。

图 2-193

▶11 选择横排文字工具 **T**，在矩形上输入文字，文字与矩形居中对齐，操作效果如图2-194所示。

图 2-194

▶12 打开"表情.psd"文件，从中选择表情图案放置在当前视图中，调整尺寸后等距分布，结果如图2-195所示。

图 2-195

▶13 选择横排文字工具 **T**，选择合适的字体与字

号，输入文字，如图2-196所示。

▶14 选择矩形工具，设置填充色为无，描边为灰色（#777777），按住Shift键拖曳光标绘制正方形，如图2-197所示。

图 2-196

图 2-197

▶15 更改填充颜色为蓝色（#0e85ff），描边为无，在对话框的右下角绘制矩形，如图2-198所示。

图 2-198

▶16 选择横排文字工具**T**，选择字体，设置字号大小，输入文字，完成对话框的绘制，如图2-199所示。

图 2-199

2.3.3 绘制播放器控件

播放器控件包括快进、后退、播放以及进度条几个元素。红+深灰的配色，白色与灰色作为点缀，是常见的简约风格。播放按钮比快进、后退按钮略大，方便用户随时开始或暂停。单击快进、后退按钮，既可以将播放速度快进或后退若干秒，也可以移动进度条上的滑块来调整播放进度。

■ 绘制背景

▶01 启动Photoshop应用程序，执行"文件"|"新建"命令，打开"新建文档"对话框。设置参数后单击"创建"按钮，新建文件。

▶02 选择矩形工具，设置填充色为深灰色（#222021），描边为无，设置左下角、右下角圆角半径值，拖曳光标绘制矩形，如图2-200所示。

图 2-200

▶03 双击矩形，弹出"图层样式"对话框，添加"投影"样式，参数设置如图2-201所示。

图 2-201

43

▶04 单击"确定"按钮关闭对话框，添加投影后矩形更为立体，如图2-202所示。

图 2-202

■ 绘制播放按钮

▶01 选择椭圆工具 ⬭，设置填充色为深灰色（#131010），描边为无，按住Shift键绘制正圆，如图2-203所示。

图 2-203

▶02 双击圆形，打开"图层样式"对话框，添加"渐变叠加""投影"样式，参数设置如图2-204所示。

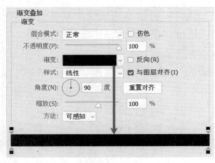

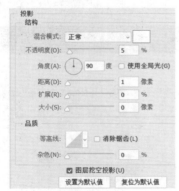

图 2-204

▶03 单击"确定"按钮关闭对话框，添加样式后圆形的显示效果如图2-205所示。

▶04 选择圆形，使用Ctrl+J组合键向上复制，删除图层样式，并以圆形为基点向内缩小，调整效果如图2-206所示。

图 2-205

图 2-206

提示 在这里为了清楚地显示复制后的圆形，更改了圆形的填充色。

▶05 双击圆形，打开"图层样式"对话框，添加"描边""内阴影"图层样式，参数设置如图2-207所示。

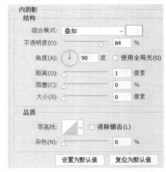

图 2-207

▶06 添加"渐变叠加"样式，设置混合模式为"正常"，修改渐变色，具体参数设置如图2-208所示。

图 2-208

▶07 单击"确定"按钮关闭对话框，图形显示如图2-209所示。

▶08 选择圆形，使用Ctrl+J组合键向上复制，删除图层样式，更改填充色为白色，降低不透明度，效果如图2-210所示。

图 2-209

图 2-210

▶09 重命名图层名称为"播放高光"。单击图层面板下方的"添加图层蒙版"按钮■，使用Ctrl+I组合键反选蒙版。将前景色设置为白色，选择渐变工具■，指定渐变类型为"从前景色到透明渐变"，单击"径向渐变"按钮■，在蒙版中拖曳光标绘制镜像渐变，制作高光效果如图2-211所示。

提示 在这里白色圆形与底下的红色渐变圆形不需要中心对齐，因为白色圆形是用来制作高光效果的。

▶10 选择矩形工具□，设置填充色为白色，描边为无，拖曳光标绘制矩形，如图2-212所示。

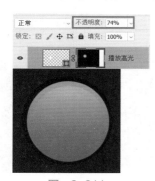

图 2-211　　　　　图 2-212

▶11 双击矩形打开"图层样式"对话框，添加"渐变叠加"样式，参数设置如图2-213所示。
▶12 再添加"投影"样式，设置"混合模式"为正常，"不透明度"为25%，"角度"为90度，其他参数设置如图2-214所示。
▶13 单击"确定"按钮关闭对话框，为矩形添加的效果如图2-215所示。

▶14 选择矩形，按住Alt键向右移动复制，效果如图2-216所示。

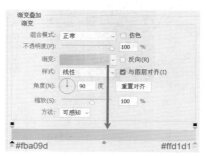
图 2-213

图 2-214

图 2-215　　　　　图 2-216

■ 绘制进度调节按钮

▶01 选择矩形工具□，设置填充色为深灰色（#191514），描边为无，按住Shift键拖曳光标绘制正圆。双击圆形打开"图层样式"对话框，参考绘制播放按钮步骤（2）中的参数设置，为圆形添加样式，结果如图2-217所示。

图 2-217

提示 选中图层样式并按住Alt键，可以将图层样式赋予指定的图层。

▶02 选择圆形，使用Ctrl+J组合键向上复制，删除图层样式，如图2-218所示。

图　2-218

▶03 双击圆形打开"图层样式"对话框，添加"描边"样式，设置参数如图2-219所示。

图　2-219

▶04 再添加"内阴影"与"渐变叠加"样式，具体的参数设置如图2-220所示。

图　2-220

▶05 单击"确定"按钮关闭对话框，圆形的显示效果如图2-221所示。

▶06 参考绘制播放按钮步骤（9）所讲述的方法，为按钮添加高光，绘制结果如图2-222所示。

图　2-221

图　2-222

▶07 选择多边形工具 ，设置填充色为白色，描边为无，边数为3，按住Shift键拖曳光标绘制三角形，如图2-223所示。

▶08 双击三角形打开"图层样式"对话框，添加"渐变叠加"样式，参数设置如图2-224所示。

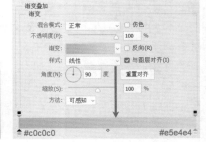

图　2-223　　　　图　2-224

▶09 再添加"投影"样式，设置"混合模式"为正常，"不透明度"为25%，"角度"为90度，"距离"为1像素，其他参数设置如图2-225所示。

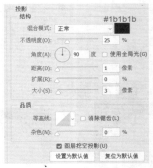

图　2-225

▶10 单击"确定"按钮关闭对话框，三角形的显示效果如图2-226所示。

▶11 选择三角形，按住Alt键向左移动复制，结果如图2-227所示。

图　2-226　　　　图　2-227

▶12 选择绘制完毕的按钮，按住Alt键向右移动复制。选择复制得到的按钮，使用Ctrl+T组合键进入变换模式，右击，在弹出的快捷菜单中选择"水平翻转"选项，调整效果如图2-228所示。

图　2-228

■ 绘制播放进度条

▶01 选择矩形按钮▢，设置填充色为白色，描边为无，设置圆角半径值，拖曳光标绘制矩形，如图2-229所示。

图　2-229

▶02 双击矩形，打开"图层样式"对话框，添加"渐变叠加""投影"样式，参数设置如图2-230所示。

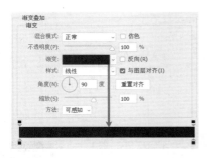

图　2-230

▶03 单击"确定"按钮关闭对话框，添加样式后矩形的显示效果如图2-231所示。

▶04 选择矩形，按住Alt键向上复制，删除图层样式，调整尺寸与位置，效果如图2-232所示。

图　2-231　　　　　　　図　2-232

▶05 双击矩形打开"图层样式"对话框，添加"渐变叠加""投影"样式，参数设置如图2-233所示。

#252324　　　　　　　　　#2e2a29

图　2-233

▶06 单击"确定"按钮关闭对话框，矩形的显示效果如图2-234所示。

▶07 继续复制矩形，删除图标样式并调整尺寸，如图2-235所示。

图　2-234　　　　　　　图　2-235

提示　选择图层样式，按Delete键可以删除。或者拖曳图层样式至图层面板下方的"删除"按钮🗑，也可以删除样式。

▶08 双击矩形，打开"图层样式"对话框，添加"内阴影""渐变叠加"样式，参数设置如图2-236所示。

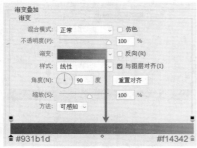

图 2-236

▶09 再添加"投影"样式，分别设置"混合模式""不透明度"以及"角度""距离"等参数，如图2-237所示。

图 2-237

▶10 单击"确定"按钮关闭对话框，矩形的显示效果如图2-238所示。

图 2-238

■ 绘制移动按钮

▶01 选择椭圆工具 ◯，设置填充色为浅灰色（#e6ddde），描边为无，按住Shift键拖曳光标绘制正圆，如图2-239所示。

图 2-239

▶02 双击圆形，打开"图层样式"对话框，选择"渐变叠加"样式，单击渐变条，打开"渐变编辑器"对话框，设置颜色参数后单击"确定"按钮返回，其他参数设置如图2-240所示。

图 2-240

▶03 再添加"投影"样式，参数设置如图2-241所示。
▶04 单击"确定"按钮关闭对话框，圆形的显示效果如图2-242所示。

图 2-241　　　　　图 2-242

▶05 选择矩形工具 ▭，设置填充色为浅灰色（#c5c3c3），描边为无，拖曳光标绘制矩形，如图2-243所示。
▶06 更改填充色为深灰色（#868080），描边为无，继续绘制矩形，结果如图2-244所示。

图 2-243　　　　　图 2-244

▶07 播放进度条的绘制结果如图2-245所示。

图　2-245

2.3.4　绘制宠物网站导航

本节介绍宠物网站导航的绘制，选择橙色为主色调，活泼且富有生机。标签添加渐变叠加的效果，加强质感表现。单独为每个标签制作投影，不仅在标签之间创建间隔，也使标签更加立体。选用爪子图标，符合网站所要传达的内容。为其添加斜面浮雕效果，显得图标更加精致。

■　绘制背景

▶01 选择矩形工具，设置填充色为任意色，描边为无，设置左上角与右上角的圆角半径值，拖曳光标绘制矩形，如图2-246所示。

图　2-246

▶02 双击矩形图层，打开"图层样式"对话框。选择"渐变叠加"样式，单击渐变条，在"渐变编辑器"对话框中设置参数，如图2-247所示，单击"确定"按钮返回。

▶03 其他选项参数设置如图2-248所示。

▶04 单击"确定"按钮关闭对话框，为矩形添加渐变叠加样式的效果如图2-249所示。

▶05 使用Ctrl+J组合键，拷贝矩形，删除图层样式。设置左上角与右上角为直角，输入左下角与右下角的圆角半径值，更改填充色为任意色，描边为无，调整矩形的高度，结果如图2-250所示。

图　2-247

图　2-248

图　2-249

图　2-250

▶06 双击"矩形 拷贝"图层，在"图层样式"对话框中添加"内发光""渐变叠加""投影"样式，参数设置分别如图2-251所示。

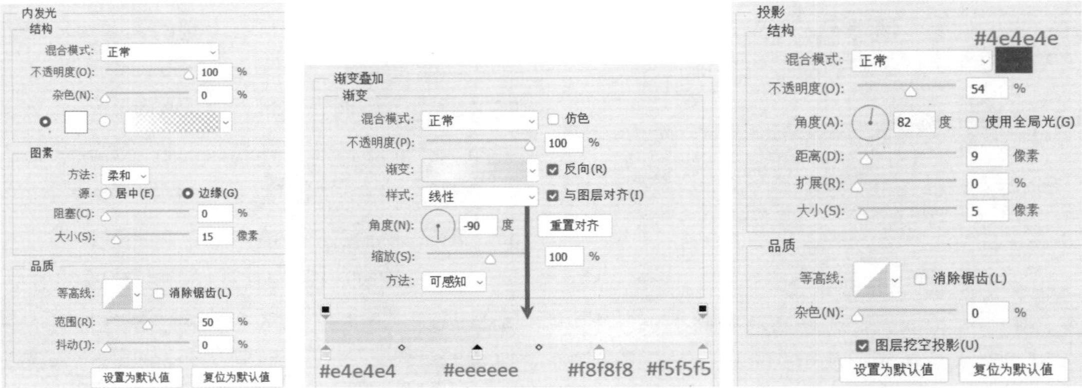

图　2-251

▶07 单击"确定"按钮，观察为矩形添加样式的效果，如图2-252所示。

充色，结果如图2-254所示。

图 2-252

■ 绘制选项标签

▶01 选择矩形工具 ▣ ，自定义填充色，描边为无，输入左上角与右上角的圆角半径值，拖曳光标绘制矩形，如图2-253所示。

图 2-253

▶02 按住Alt键向右移动复制矩形，并重新设置填

图 2-254

▶03 双击"矩形"图层，打开"图层样式"对话框。选择"渐变叠加"样式，单击渐变条，在"渐变编辑器"对话框中设置颜色。其他参数设置如图2-255所示。

▶04 再添加"投影"样式，分别设置"混合模式"、填充颜色以及"不透明度"等参数，如图2-256所示。

▶05 单击"确定"按钮关闭对话框，观察矩形的显示效果，如图2-257所示。

▶06 重复上述操作，继续为其他矩形添加"渐变叠加""投影"参数，如图2-258所示。

图 2-255

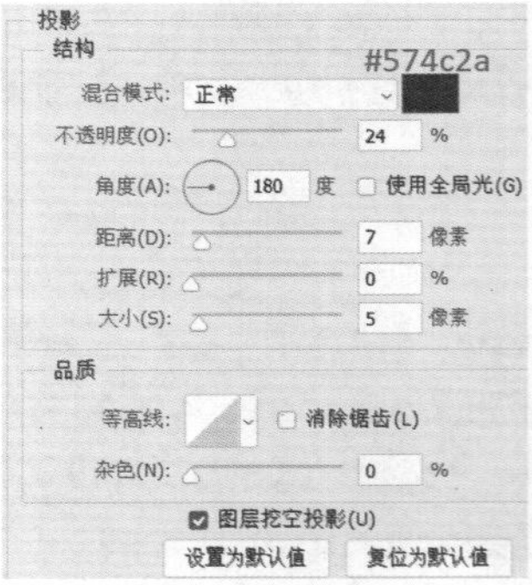

图 2-256

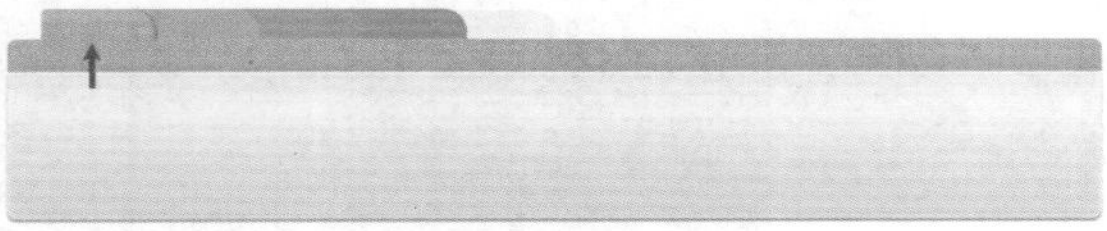

图 2-257

绘制搜索栏

■ ▶01 选择矩形工具 ▣ ，自定义填充颜色，描边为无，输入矩形左上角与右上角的圆角半径值，拖曳光标绘制矩形，如图2-259所示。

▶02 双击"矩形"图层，在"图层样式"对话框中添加"渐变叠加"样式，设置"混合模式"为"正常"，"不透明度"为100%，单击渐变条，在"渐变编辑器"对话框中设置参数。选择"样式"为"线性"，其他参数设置如图2-260所示。

图 2-258

▶03 添加"投影"样式，设置"混合模式"类型与填充颜色，"不透明度"为24%，"角度"为180度，其他参数设置如图2-261所示。

提示　　限于篇幅，无法在此将每个矩形的图层样式参数逐一展示，可以在配套资源中打开本节源文件查看参数设置。

图 2-259

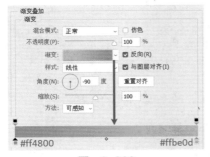

图 2-260

图 2-261

▶04 单击"确定"按钮，查看矩形的显示效果，如图2-262所示。

图 2-262

▶05 选择矩形工具█，设置填充色为白色，描边为无，输入矩形的圆角半径值，拖曳光标绘制矩形，如图2-263所示。

图 2-263

▶06 选择直线工具 ✐，设置填充色为灰色（#a3a3a3），按住Shift键，绘制垂直线段，等距排列，如图2-264所示。

图 2-264

▶07 打开"放大镜.png"图标，拖放至当前视图，调整尺寸与位置，结果如图2-265所示。

图 2-265

■ 最终结果

▶01 选择自定形状工具 ✿，在形状列表中选择猫爪印 🐾，设置填充颜色为黄色（#fea100）与橙色（#fe6000），描边为无，拖曳光标绘制猫爪印，等距排列，如图2-266所示。

图 2-266

▶02 双击"猫爪印"图层，打开"图层样式"对话框，添加"斜面和浮雕"样式。设置"样式"为"枕面浮雕"，"方法"为"平滑"，"深度"为438%，其他参数设置如图2-267所示。

图 2-267

▶03 添加"内发光"样式，设置"混合模式"为"正常"，"不透明度"为100%，填充色为白色，其他参数设置如图2-268所示。

图 2-268

▶04 单击"确定"按钮关闭对话框，为猫爪印添加样式的效果如图2-269所示。

图 2-269

▶05 选择横排文字工具**T**，选择合适的字体与字号，输入白色与黑色的文字，完成导航的绘制，如图2-270所示。

图 2-270

2.4 课后习题

本节提供三个案例方便用户练习，分别是绘制登录按钮、播放进度条以及聊天界面。用户既可以参考本章所介绍的内容练习绘制，也可以打开案例的源文件作为参考对象。

2.4.1 绘制登录按钮

登录按钮的绘制步骤如下。

▶01 使用矩形工具■，绘制一个圆角矩形。

▶02 双击圆角矩形图层，打开"图层样式"对话框，添加"内阴影""渐变叠加"样式。

▶03 使用椭圆工具◯，按住Shift键绘制一个正圆。

▶04 双击椭圆图层，在"图层样式"对话框中添加"斜面和浮雕""内发光""渐变叠加""投影"样式。

▶05 调整矩形与圆形的位置，添加背景，完成绘制，如图2-271所示。

2.4.2 绘制播放进度条

播放进度条的绘制步骤如下：

▶01 使用矩形工具■，设置参数后拖曳光标绘制一个圆角矩形。

▶02 为圆角矩形添加"内发光""渐变叠加""投影"样式。

▶03 使用Ctrl+J组合键拷贝矩形，调整矩形的尺寸与位置，添加纹理，并为矩形添加图层样式。

▶04 使用横排文字工具**T**，输入文字表示当前加载的进度。为文字添加"投影"样式，增加立体感。

▶05 最后添加背景，结束绘制，如图2-272所示。

图 2-271　　　　　　图 2-272

2.5 本章小结

本章介绍UI界面元素的绘制，包括按钮、导航栏以及其他元素。这些元素绘制完毕后可以存储至计算机中，日后需要时可以重新打开，稍加修改便可继续使用。或者参考本章绘制方法，重新再绘制也可以。

课后习题为的是温故知新所学知识，所以省略操作过程，只提供大致的步骤。如果在练习过程中出现问题，可以通过案例的源文件查看具体的绘制步骤。

第3章

绘制图标

UI界面包含各种类型的图标，不仅能引导用户顺利地进行操作软件，也使界面富有趣味。图标的风格应该一致，不应该在同一界面中出现风格迥异的图标。

本章介绍图标的绘制方法。

3.1 图标设计基础

在设计图标之前，需要了解与图标相关的一些知识，在此基础上去构思设计方案，并不断调整，最终得到满意的效果。

3.1.1 图标设计的原则

用户通过单击UI界面中的图标进入功能页面，在页面中进行一系列的操作，满足自己的使用需求。为了给用户带来良好的操作体验，在设计图标时应了解相关的原则。

1. 形象准确清晰

图标是交互模块，连接程序与用户。形象清晰的图标能提供很好的指示作用，用户能快速地识别图标所表达的意义。通过单击图标，开始执行各项操作，最终完成操作，得到一个结果。如果图标形象含糊不清，会造成用户认知上的混乱，无法顺利开展接下来的操作，造成极坏的使用印象。

2. 造型简洁完整

有时为了追求新颖搞怪，会出现一些造型奇特、夸张变形的图标。这类图标会让人造成困扰，无法一眼识别它所代表的含义。外形奇特的图标也很难进行排版，因为与其他外形规整的图标无法协调在同一页面。

相反，造型简洁、完整的图标不仅给予人一种赏心悦目的观赏体验，还能通过准确清晰的形象让人快速识别含义，心情畅快地开始操作。

3. 表达方式符合常识

在确定图标形象时，需要思考选定的形象是否符合生活常识。如在绘制音乐图标时，应该优先考虑与音乐相关的图形元素，包括乐器、音符等。如果选择的图形元素与所要表达的主题风马牛不相及，会让人感觉不知所云。

4. 排版时需要再调整

图标绘制完成后，需要按照一定的顺序排列在页面中。在排版时会发现，在单独观看图标时无懈可击，但是排版时却不甚协调。如果出现这种情况，需要对图标进行调整。

或者是调整图标的外形，或者是更改图标内的图形元素。更改后的图标重新排列在页面中，观察页面的整体效果，发现不满意仍需继续更改，直到页面排列整齐，信息表达明确为止。

3.1.2 图标设计的流程

每一位设计师开展设计工作的程序都不会完全相同，但是有常规的思路提供给新手设计师参考，如图3-1所示。完全融入这个行业之后，设计师就可以发展出一套具有个性化的设计流程。

图 3-1

1. 调查数据

设计师接到一个图标设计任务后，应该先调查相关数据，包括产品定位、用户需求、市场上同类产品的相关情况等，确定图标的使用功能，形成一个设计方向。不同类型的天气图标如图3-2所示。

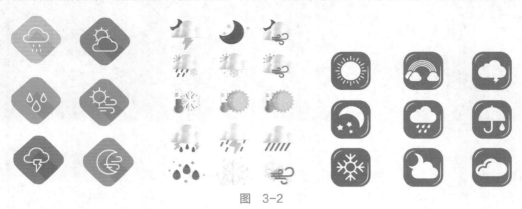

图 3-2

2. 收集元素

图标拥有具体的功能，寻找与使用功能相关联的元素，有助于设计师确定图标的形象。如天气图标，可以联想到雨滴、大风、云朵等。找到合适的关联元素后，再根据图标风格确定元素的表达方式。

3. 绘制草图

设计师心中形成一个隐约的设计形象后，可以通过绘制草图去观察构思结果。在这期间，设计师需要绘制多张草图，不断调整，确认表达效果。图3-3所示为从草图开始，逐步更改后得到的天气图标。

图 3-3

4. 表现方式

目前图标常用的表现风格包括线性风格、手绘风格、像素风格、扁平风格以及拟物风格。不同的风格，图标的表现效果也不同。基于使用需求确定风格后，就可以在草图的基础上开始设计工作。

5. 后期调整

图标绘制完毕后，需要不断调整，可以转换风格，观察不同的表现效果。如可以在拟物化与扁平化两者之间进行对比，选择最佳效果。

6. 最终测试

图标需要应用到不同的场景，需要根据使用情况进行调整。创建不同分辨率的图标，分别在常见的屏幕中测试，找到合适的数据，保证图标在各个使用场景中的可识别性。

3.1.3 图标的风格

1. 线性风格

线性风格的图标由线条组成，如图3-4所示。通过运用不同类型的线条，勾勒轮廓，塑造形象，简洁大方地传达信息。为了丰富视觉形象，可以设置线条的粗细、长短以及颜色。

2. 手绘风格

设计师根据产品的需求手绘图标，能很好地根据产品特性进行调整。计算机功能强大，手绘的灵活度更高。手绘图标憨态可掬，富有亲和力，如图3-5所示，被使用的频率也很高。

图 3-4

图 3-5

3. 像素风格

像素图标锯齿状的外轮廓有极强的个性，填充明度或彩度较高的色彩，具有怀旧、活泼的特性。设计师利用点、块、面去组织一个形状，根据形状的类型选择颜色，得到一个像素风格的图标，如图3-6所示。

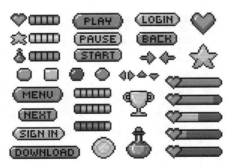

图 3-6

4. 扁平风格

扁平风格的图标不具有任何样式效果，包括投影、高光等。简洁流畅的轮廓，明艳活泼的色彩，清晰地表达外观与属性，给人一种时尚前卫的感觉，如图3-7所示。

图 3-7

5. 拟物风格

拟物风格图标的细节较多，模拟某类物体的质感、光影、纹理，可观赏性较高，真实性极强，如图3-8所示。在绘制拟物化图标的过程中，需要注意图标之间的一致性。

图 3-8

3.2 折纸图标

本节介绍折纸图标的绘制方法。参考现实生活中的各类折纸，在绘制的过程中制作光影效果，为平面图标制作立体效果。主要使用矩形工具、渐变工具以及钢笔工具等，首先创建轮廓，接着在轮廓内部添加各种效果，最后完成绘制。

▶01 启动Photoshop应用程序，执行"文件"|"新建"命令，打开"新建文档"对话框。设置参数后单击"创建"按钮，新建文件。

▶02 在工具箱中选择矩形工具▢，设置渐变填充颜色，按住Shift键绘制正方形，并修改圆角半径值，结果如图3-9所示。

图 3-9

▶03 继续选择矩形工具 ▭ ，绘制白色的矩形，如图3-10所示。

▶04 选择"矩形"图层，右击，在弹出的快捷菜单中选择"栅格化图层"选项，将形状图层转换为普通图层。

▶05 选择钢笔工具 ✎ ，在工具选项栏中选择"路径"选项，绘制的路径如图3-11所示。

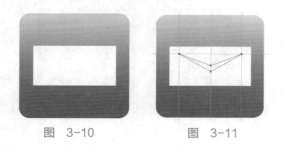

图 3-10　　　　　图 3-11

▶06 使用Ctrl+Enter组合键转换为选区，按Delete键删除选区内容，如图3-12所示。

图 3-12

▶07 选择"渐变矩形"图层，按住Ctrl键单击图层缩览图，创建选区，如图3-13所示。

▶08 选择矩形选框工具 ⬚ ，在工具选项栏中单击"从选区减去"工具 ⬚ ，在渐变矩形左侧绘制矩形选框，减去选区的结果如图3-14所示。

▶09 新建一个图层。将前景色设置为黑色，按Delete键在选区内填充黑色，如图3-15所示。

▶10 在图层面板中将图层的"填充"值设置为15%，最终结果如图3-16所示。

图 3-13　　　　　图 3-14

图 3-15　　　　　图 3-16

3.3　浏览器图标

本节介绍浏览器图标的绘制方法。为了制作立体效果，可以为图形添加图形样式效果，包括斜面和浮雕、内阴影、投影等。在绘制内部指针时，通过重复执行上一步操作，可以使图形按照指定的角度连续复制若干个，极大地减少工作量，并保证图形质量。

3.3.1 绘制轮廓

▶01 启动Photoshop应用程序，执行"文件"|"新建"命令，打开"新建文档"对话框。设置参数后单击"创建"按钮，新建文件。

▶02 新建一个图层。选择渐变工具▣，在"渐变编辑器"对话框中设置颜色参数，如图3-17所示。

图 3-17

▶03 在工具选项栏中选择"线性渐变"工具▣，从页面的右下角至左上角拖拉绘制渐变，如图3-18所示。

▶04 选择矩形工具▣，设置填充颜色为白色，描边为无，按住Shift键绘制正方形，最后设置合适的圆角半径值，绘制结果如图3-19所示。

▶05 双击"矩形"图层，打开"图层样式"对话框，设置"斜面和浮雕"参数，如图3-20所示。

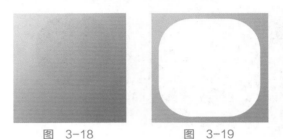

图 3-18 图 3-19

图 3-20

▶06 继续设置"内阴影""渐变叠加""投影"参数，如图3-21所示。

▶07 添加样式后图形的显示效果如图3-22所示。

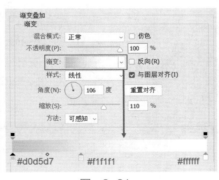

图 3-21

▶08 选择椭圆工具○，按住Shift键绘制一个黑色的正圆，如图3-23所示。

▶09 双击"椭圆"图层，打开"图层样式"对话框，设置"内阴影""渐变叠加"参数，如图3-24所示。

▶10 为图形添加样式的效果如图3-25所示。

▶**11** 使用Ctrl+J组合键复制图形，更改填充颜色为蓝色（#118fdf），如图3-26所示。

图 3-22

图 3-23

图 3-24

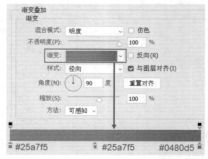
图 3-27

图 3-28

图 3-29

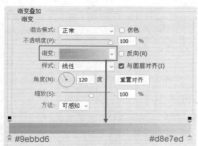
图 3-25　　　　图 3-26

▶**15** 使用Ctrl+J键复制浅灰色圆形，按住Alt键缩小圆形，更改填充颜色为白色（#ffffff），如图3-30所示。

▶**16** 按住Ctrl键，单击白色圆形的图层缩览图，创建选区。使用Alt+S+T组合键进入编辑选区模式，按住Alt键，以圆心为基点缩小选区，如图3-31所示。

▶**12** 为蓝色圆形添加"内阴影""渐变叠加"样式，参数设置如图3-27所示。

▶**13** 添加样式效果后图形显示如图3-28所示。

▶**14** 使用Ctrl+J组合键复制蓝色圆形，按住Alt键缩小圆形，删除样式效果，更改填充颜色为浅灰色（# e4edf1），如图3-29所示。

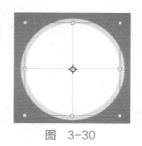
图 3-30

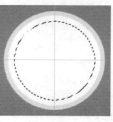
图 3-31

▶**17** 按Delete键删除选区内容，如图3-32所示。

3.3.2　绘制指针

▶01 选择多边形工具 ⬡，设置边数为3，按住Shift键绘制白色三角形，如图3-33所示。

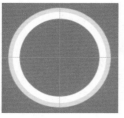
图 3-32

图 3-33

▶02 旋转复制三角形，如图3-34所示。

▶03 重复上述操作，继续绘制尺寸较小的三角形，如图3-35所示。

图 3-34

图 3-35

▶04 选择钢笔工具 ⬥，绘制白色的形状，如图3-36所示。

▶05 为"形状"图层添加蒙版，将前景色设置为黑色（#000000），选择画笔工具 ✎，在蒙版上涂抹，创建渐隐效果。最后调整图层的"不透明度"为21%，结果如图3-37所示。

图 3-36

图 3-37

▶06 使用钢笔工具 ⬥，在图形的右下角绘制白色的形状，如图3-38所示。

▶07 执行"滤镜"|"模糊"|"高斯模糊"命令，在"高斯模糊"对话框中设置"半径"值，如图3-39所示。

图 3-38

图 3-39

▶08 再调整图层的"不透明度"为40%，效果如图3-40所示。

▶09 重复上述操作，在图形的左上角绘制形状，并添加高斯模糊效果，如图3-41所示。

图 3-40

图 3-41

▶10 绘制指针。选择多边形工具 ⬡，设置边数为3，按住Shift键绘制白色、红色三角形，并旋转45°，如图3-42所示。

▶11 使用钢笔工具 ⬥，在工具选项栏中选择"形状"选项，设置填充颜色为黑色，描边无，指定锚点绘制形状。最后将形状图层的"填充"值设置为17%，增加指针的立体感，如图3-43所示。

图 3-42

图 3-43

▶12 选择步骤（10）和（11）中绘制的图形，使用Ctrl+G组合键创建成组，重命名为"指针"。双击"指针"图层组，在"图层样式"对话框中设置"投影"参数，如图3-44所示。

▶13 为指针添加投影的效果如图3-45所示。

图 3-44

图 3-45

▶14 选择椭圆工具 ⬭，设置填充颜色为黑色，描边为无，按住Shift键绘制正圆，如图3-46所示。

▶15 双击"椭圆"图层，在"图层样式"对话框中设置"斜面和浮雕"参数，如图3-47所示。

图 3-46

图 3-47

▶16 继续设置"渐变叠加""投影"参数，如图3-48所示。

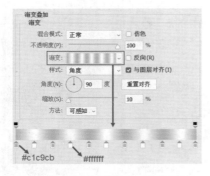

图 3-48

▶17 单击"确定"按钮，完成图标的绘制，如图3-49所示。

图 3-49

3.4 音量图标

本节介绍音量图标的绘制方法。为了使平面图标增加立体感，可以为其添加倒影。通过调节倒影的颜色、角度、深度，使得图标与背景拉开距离，达到创建立体效果的目的。本节主要使用椭圆工具、图层样式、钢笔工具以及高斯模糊命令等。

▶01 启动Photoshop应用程序，执行"文件"|"新建"命令，打开"新建文档"对话框。设置参数后单击"创建"按钮，新建文件。

▶02 选择椭圆工具 ⬭，按住Shift键，绘制黑色正圆，如图3-50所示。

▶03 双击"椭圆"图层，在"图层样式"对话框中设置"斜面和浮雕"参数，如图3-51所示。

图 3-50　　　　　　图 3-51

▶04 继续设置"内阴影""颜色叠加""投影"参数，如图3-52所示。

图 3-52

▶05 添加样式后图形的显示效果如图3-53所示。

▶06 选择钢笔工具 ✎，在工具选项栏中选择"路径"选项，指定锚点绘制路径，如图3-54所示。

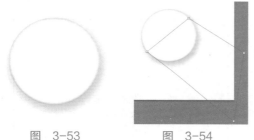

图 3-53   图 3-54

▶07 使用Ctrl+Enter组合键转换为选区，在圆形图层的下方新建一个图层。将前景色设置为黑色，背景色设置为白色。选择渐变工具 ▮，指定渐变类型为"从前景色到透明渐变"，在选区内绘制线性渐变，如图3-55所示。

▶08 使用Ctrl+D组合键取消选区，如图3-56所示。

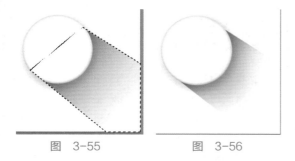

图 3-55   图 3-56

▶09 执行"滤镜"|"模糊"|"高斯模糊"命令，在"高斯模糊"对话框中设置参数，如图3-57所示。

▶10 最后更改图层的"不透明度"为38%，倒影的制作效果如图3-58所示。

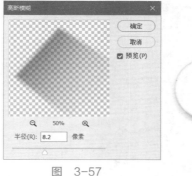

图 3-57   图 3-58

▶11 选择"椭圆"图层，使用Ctrl+J组合键创建副本。删除样式效果，双击图层，在"图层样式"对话框中设置"内发光""渐变叠加"参数，如图3-59所示。

▶12 为复制得到的图层添加效果，如图3-60所示。

▶13 选择矩形工具 ▭，设置填充色为深蓝色（#32405e），在属性面板中单击 ⑧ 按钮，取消链接模式，单独设置左上角、左下角的圆角半径值，绘制矩形如图3-61所示。

图 3-59

图 3-59（续）

图 3-60

图 3-61

▶14 重复上述操作，继续绘制圆角矩形，如图3-62所示。

▶15 选择矩形，使用Ctrl+T组合键进入变换模式。右击，在弹出的快捷菜单中选择"透视"选项，单击左下角定界点，按住鼠标左键不放向上移动，调整结果如图3-63所示。

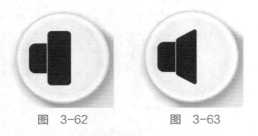

图 3-62　　　　　图 3-63

▶16 选择椭圆工具⚪，设置描边颜色为深蓝色（#32405e），按住Shift键绘制正圆，如图3-64所示。

▶17 使用Ctrl+J组合键复制图层，更改描边粗细，按住Alt键以圆心为基点缩放圆形，结果如图3-65所示。

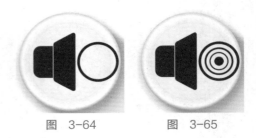

图 3-64　　　　　图 3-65

▶18 选择所有的椭圆图层，使用Ctrl+G组合键创建成组。为组添加蒙版，选择矩形选框工具▢，在图形的左侧绘制矩形选框，在选框内填充黑色，再调整图形的大小与位置，最终结果如图3-66所示。

图 3-66

3.5 社交软件图标

本节介绍社交软件图标的绘制方法。为图形创建金属质感，可以通过添加渐变叠加样式来实现。为了使金属质感更加丰富多变，需要重复创建不同参数的渐变样式。利用图层蒙版遮挡部分图形，使图标的最终效果更加逼真。

▶01 启动Photoshop应用程序，执行"文件"|"新建"命令，打开"新建文档"对话框。设置参数如图3-67所示。单击"创建"按钮，新建文件。

▶02 设置前景色为深灰色（#5f5f5f），使用Alt+Delete组合键填充前景色，如图3-68所示。

▶03 选择矩形工具 ▢，设置合适的圆角半径值，按住Shift键绘制白色的正方形，如图3-69所示。

图　3-67

图　3-68　　　　　图　3-69

▶04 双击"矩形"图层，在"图层样式"对话框中设置"内阴影""投影"参数，如图3-70所示。

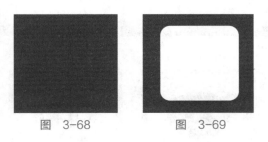

图　3-70

▶05 图形效果如图3-71所示。

图　3-71

▶06 使用Ctrl+J组合键复制图层，删除图层样式。双击图层，打开"图层样式"对话框，分别设置"内发光""渐变叠加"参数，如图3-72所示。

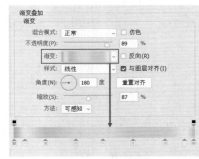

图　3-72

▶07 添加样式后图形的显示效果如图3-73所示。

▶08 使用Ctrl+J组合键复制图层，删除图层样式，重命名为"面"。按键盘上的向上 ↑ 方向键，向上移动矩形，如图3-74所示。

图　3-73　　　　　图　3-74

▶09 双击"面"图层,在"图层样式"对话框中选择"内发光""渐变叠加"样式,参数设置如图3-75所示。

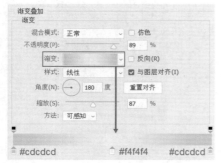

图 3-75

▶10 单击"确定"按钮,为矩形添加样式的效果如图3-76所示。

▶11 选择在步骤(3)中创建的矩形,按住Ctrl键,单击图层缩览图,创建选区如图3-77所示。

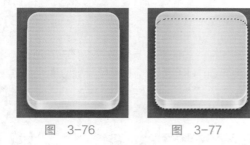

图 3-76   图 3-77

▶12 单击图层面板下方的 ▣ 按钮,添加蒙版,隐藏选区外的图形,如图3-78所示。

▶13 选择椭圆工具 ◯,绘制深灰色(#181818)椭圆,如图3-79所示。

▶14 继续使用椭圆工具 ◯,按住Shift键,绘制三个白色椭圆,如图3-80所示。

▶15 选择钢笔工具 ✐,在工具选项栏中选择"形状"选项,绘制深灰色(#181818)的形状,如图3-81所示。

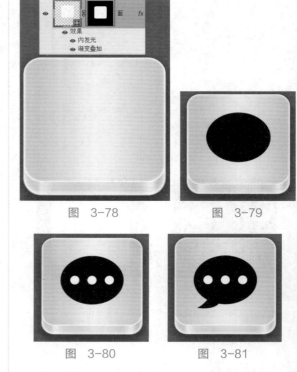

图 3-78   图 3-79

图 3-80   图 3-81

▶16 选择"面"图层,按住Ctrl键单击图层缩览图,创建选区。选择椭圆选框工具 ◯,在工具选项栏中单击 ▣ 按钮,绘制椭圆选区,如图3-82所示。

▶17 操作结果如图3-83所示。

图 3-82   图 3-83

▶18 将前景色设置为白色,新建图层,使用Alt+Delete组合键在选区内填充白色,如图3-84所示。

▶19 执行"滤镜"|"模糊"|"高斯模糊"命令,在"高斯模糊"对话框中设置"半径"值为2.6。更改图层的"填充"值为22%,图标的绘制结果如图3-85所示。

图 3-84

图 3-85

3.6 网站图标

本节介绍网站图标的绘制。绿叶图形可以使用钢笔工具绘制，也可以登录素材网站下载，在本案例中采用网络素材。因为是环保团体网站的图标，所以选择绿色为主题色。通过为图形添加渐变、投影等效果，增加图形的质感。

3.6.1 绘制矩形

▶01 选择矩形工具▢，设置任意填充色，描边为无，输入圆角半径值，拖曳光标绘制圆角矩形，如图3-86所示。

图 3-86

▶02 双击"矩形"图层，打开"图层样式"对话框，添加"描边"样式，设置"大小""位置""混合模式"等参数，如图3-87所示。

图 3-87

▶03 继续添加"内发光""渐变叠加"样式，参数设置如图3-88所示。

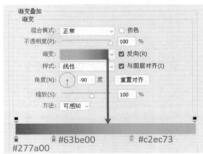
图 3-88

▶04 单击"确定"按钮关闭对话框，为矩形添加样式的效果如图3-89所示。

图 3-89

▶05 选择矩形，使用Ctrl+J组合键向上复制，删除图层样式，更改矩形填充颜色为白色，左下角、右下角的圆角半径值为0，调整矩形的高度，操作结果如图3-90所示。

图 3-90

▶06 双击白色矩形所在的图层，打开"图层样式"对话框。添加"渐变叠加""投影"样式，分别设置"混合模式""不透明度"以及其他参数，如图3-91所示。

▶07 单击"确定"按钮，为白色矩形添加样式的效果如图3-92所示。

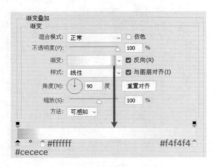

图 3-91

图 3-92

3.6.2 添加素材

▶01 打开"绿叶.png"素材，将其拖放至当前视图，调整尺寸与位置，结果如图3-93所示。

图 3-93

▶02 双击"绿叶"图层，在"图层样式"对话框中添加"描边"样式，设置"填充类型"为"渐变"，单击渐变条，重新定义渐变颜色，如图3-94所示。

▶03 添加"渐变叠加"样式，设置"混合模式"为"正常"，"不透明度"为100%，其他参数设置如图3-95所示。

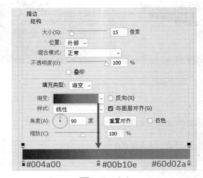

图 3-94

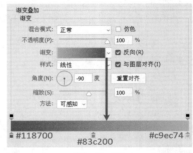

图 3-95

▶04 单击"确定"按钮关闭对话框，为绿叶添加图层样式的结果如图3-96所示。

图 3-96

▶05 按住Ctrl键，单击"绿叶"图层缩览图创建选区，如图3-97所示。

图 3-97

提示　　创建绿叶选区，方便在绘制渐变时将范围限制在选区之内。

▶06 新建一个图层，重命名为"高光"。选择渐变工具■，设置前景色为淡绿色（#e9ffb8），指定渐变类型为"从前景色到透明" ，单击线性渐变按钮■，在选区之内拖曳光标创建线性渐变，如图3-98所示。

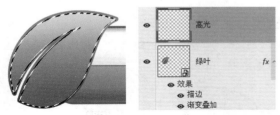

图 3-98

▶07 新建"反光"图层，设置前景色为白色，继续绘制线性渐变。使用Ctrl+D组合键取消选区，绘制结果如图3-99所示。

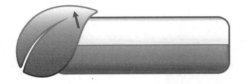

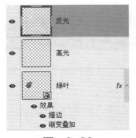

图 3-99

▶08 选择椭圆工具○，设置任意填充色，描边为无，按住Shift键绘制正圆，如图3-100所示。

图 3-100

▶09 双击"椭圆"图层，打开"图层样式"对话框，添加"描边"样式，设置"填充类型"为"渐变"，参数设置如图3-101所示。

▶10 添加"渐变叠加"样式，设置"混合模式"为"正常"，"不透明度"为100%，自定义渐变填充颜色，如图3-102所示。

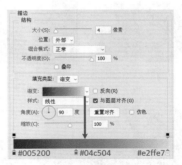

图 3-101

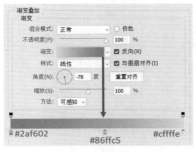

图 3-102

▶11 添加"投影"样式，设置"混合模式"为"正常"，更改填充颜色，保持"不透明度"为100%，其他参数设置如图3-103所示。

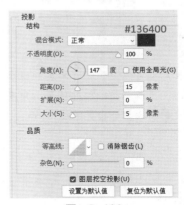

图 3-103

▶12 单击"确定"按钮关闭对话框，为圆形添加图层样式的效果如图3-104所示。

▶13 继续选择椭圆工具○，设置填充色为白色，拖曳光标绘制椭圆、正圆表示高光，如图3-105所示。

▶14 选择上述绘制完毕的图形，按住Alt键向右上角拖曳复制，结果如图3-106所示。

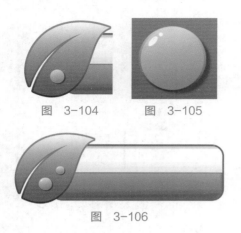

图 3-104　　　　图 3-105

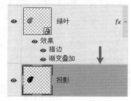

图 3-106

3.6.3 绘制光影

▶01 按住Ctrl键单击"绿叶"图层缩览图，创建选区。在绿叶图层下方新建一个图层，重命名为"投影"。将前景色设置为黑色，选择投影图层，使用Alt+Delete组合键填充黑色，如图3-107所示。

图　3-107

🔹提示　利用"图层样式"对话框为绿叶添加投影也可以。但是在单独的图层内绘制投影，可以调整投影的位置、角度、不透明度等参数，自由灵活度更高。

▶02 使用Ctrl+D组合键取消选区。选择投影图形，按键盘中的→↓方向键，调整投影的位置，如图3-108所示。

图　3-108

▶03 按住Ctrl键，单击"矩形"图层缩览图，创建选区，如图3-109所示。

图　3-109

▶04 选择"投影"图层，单击图层面板下方的"添加图层蒙版"按钮■，添加蒙版后隐藏选区外的图形，结果如图3-110所示。

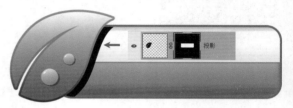

图　3-110

▶05 调整"投影"图层的"不透明度"值为44%，弱化投影效果，如图3-111所示。

图　3-111

🔹提示　投影的颜色太过强烈，容易形成沉重窒息之感。降低不透明度，可以使投影活泼通透有生气。

▶06 选择横排文字工具T，选择合适的字体与字号，自定义颜色，在矩形中输入文字，如图3-112所示。

图　3-112

▶07 双击"生态循环保护"文字图层，在"图层样式"对话框中添加"渐变叠加"样式，参数设置如图3-113所示。

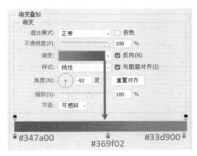

图 3-113

▶08 单击"确定"按钮关闭对话框,为文字添加渐变叠加样式的结果如图3-114所示。

图 3-114

▶09 双击"非营利团体"文字图层,在"图层样式"对话框中添加"描边"样式,将"填充类型"设置为"颜色",自定义填充颜色,参数设置如图3-115所示。

图 3-115

▶10 单击"确定"按钮,为文字添加描边的效果如图3-116所示。

图 3-116

▶11 新建一个图层,重命名为"阴影"。选择渐变工具 ▣,设置前景色为蓝灰色(#1d2d4b),指定渐变类型为"从前景色到透明渐变" ▣,单击"径向渐变"按钮 ▣,拖曳光标绘制径向渐变,如图3-117所示。

图 3-117

▶12 选择径向渐变,使用Ctrl+T组合键进入变换模式。将光标放置在上方夹点上,按住鼠标左键不放向下拖曳,调整径向渐变的高度,结果如图3-118所示。

图 3-118

▶13 按Enter键退出变换模式,团体网站图标的绘制结果如图3-119所示。

图 3-119

3.7 云空间图标

本节介绍云空间图标的绘制。用户在云空间中存储数据,连接网络登录云空间就可以获取信息,方便快捷。云图标的绘制方法有多种,在本节中通过合并图形得到云图标。也可以利用钢笔工具直接绘制云图标,为云图标添加图层样式,增加图标的立体感。

3.7.1 绘制图形

01 选择矩形工具 ▭，设置任意填充色，描边为无，输入圆角半径值，拖曳光标绘制矩形，如图3-120所示。

02 选择椭圆工具 ○，选择一个填充色，描边为无，按住Shift键拖曳光标绘制正圆，位置与尺寸如图3-121所示。

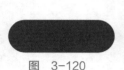

图 3-120　　　　　图 3-121

03 选择"椭圆"图层，使用Ctrl+J组合键拷贝椭圆。选择"椭圆1拷贝"图层，使用Ctrl+T组合键进入变换模式，将光标放置在角点上，按住鼠标左键不放向内拖曳光标，调整圆形的尺寸，如图3-122所示。

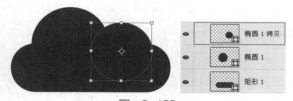

图 3-122

04 选择三个图层，右击，在弹出的快捷菜单中选择"栅格化图层"选项，如图3-123所示。

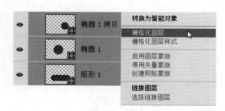

图 3-123

05 栅格化图层后，图层缩览图右下角的图标消失，如图3-124所示。

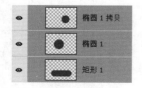

图 3-124

提示 栅格化图层后，形状的属性（如颜色、描边、圆角等）得以存储，此时再合并图层，结果图层保留形状的属性。

06 选择栅格化后的三个图层，右击，在弹出的快捷菜单中选择"合并图层"选项，如图3-125所示。

07 执行上述操作后，三个图层合并为一个图层，图层重命名为"云图标"，结果如图3-126所示。

图 3-125　　　　　图 3-126

提示 使用Ctrl+E组合键，也能合并选中图层。

3.7.2 添加样式

01 双击"云图标"图层，打开"图层样式"对话框。添加"描边"样式，设置"大小"为81像素，"位置"为"外部"，"混合模式"为"正常"，其他参数设置如图3-127所示。

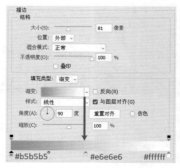

图 3-127

02 选中"内阴影"样式，将"混合模式"设置为"正常"，填充颜色为黑色，"不透明度"为

48%，"角度"为120度，其他参数设置如图3-128所示。

图　3-128

▶03 添加"内发光"样式，设置"混合模式"为"正常"，"不透明度"为100%，"杂色"选项保持不变，颜色为白色，其他参数设置如图3-129所示。

图　3-129

▶04 选择"渐变叠加"样式，单击渐变条，打开"渐变编辑器"对话框。在对话框中添加色标，并依次设置色标的颜色，单击"确定"按钮返回"图层样式"对话框，其他参数设置如图3-130所示。

图　3-130

▶05 单击"确定"按钮，观察为云图标添加样式的效果，如图3-131所示。

图　3-131

▶06 选择矩形工具，设置填充色为黑色，描边为无，输入圆角半径值，在云图标上拖曳光标绘制矩形，如图3-132所示。

图　3-132

▶07 双击黑色矩形所在的图层，在"图层样式"对话框中选择"投影"样式，设置"混合模式"与填充颜色，降低"不透明度"为50%，设置"角度"为103度，其他参数设置如图3-133所示。

图　3-133

▶08 单击"确定"按钮关闭对话框，观察添加投影的效果，如图3-134所示。

▶09 使用Ctrl+J组合键拷贝黑色矩形，删除投影样式，更改填充颜色为白色，调整矩形的宽度，如图3-135所示。

图　3-134

图　3-135

▶10 双击白色矩形所在的图层，在"图层样式"对话框中添加"渐变叠加"样式，参数设置如图3-136所示。

图　3-136

▶11 单击"确定"按钮，观察为矩形添加渐变叠加样式的效果，如图3-137所示。

图　3-137

▶12 选择横排文字工具**T**，选择合适的字体与字号，输入深灰色文字，如图3-138所示。

▶13 在"云空间"图层下新建一个图层，重命名为"阴影"。将前景色设置为深蓝色（#13263b），选择渐变工具▇，指定渐变类型为"从前景色到透明渐变"▇，单击"径向渐变"按钮▣，拖曳光标绘制径向渐变，如图3-139所示。

图　3-138

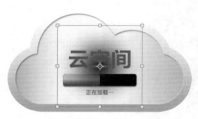

图　3-139

▶14 选择径向渐变，使用Ctrl+T组合键进入变换模式，移动夹点调整渐变的高度，如图3-140所示。

图　3-140

▶15 将"投影"图层的"不透明度"设置为77%，效果如图3-141所示。

图　3-141

▶16 重复上述操作，在云图标的下方绘制投影，结果如图3-142所示。

图 3-142

3.8 课后习题

为了巩固本章的学习，本节提供案例方便用户课后练习，包括音乐图标、日历图标以及水晶质感图标。

3.8.1 音乐图标

音乐图标的绘制步骤如下。

▶01 绘制圆角矩形，并添加斜面和浮雕、外发光、渐变叠加等样式。

▶02 打开纹理图标，创建剪贴蒙版，为矩形添加纹理效果。

▶03 绘制正圆，为其添加渐变叠加、斜面和浮雕等样式。

▶04 利用钢笔工具绘制形状，为其添加渐变叠加、斜面和浮雕样式。

▶05 新建图层。将前景色设置为白色，选择渐变工具，指定渐变为"从前景色到透明渐变"，绘制径向渐变。

▶06 选择径向渐变，使用Ctrl+T组合键进入变换模式。在垂直方向上压扁径向渐变，再将径向渐变移动至图标的受光部位，增加光影质感，完成图标的绘制，如图3-143所示。

图 3-143

3.8.2 日历图标

日历图标的绘制步骤如下。

▶01 绘制正圆，填充红色。

▶02 绘制白色的圆角矩形，栅格化图形。

▶03 在图形上绘制矩形选框，按Delete键删除选框内的图形。

▶04 绘制矩形，并复制多个，调整其对齐与分布效果。

▶05 使用钢笔工具绘制形状来表示投影，设置合适的高斯模糊数值，完成图标的绘制，如图3-144所示。

图 3-144

3.8.3 水晶图标

水晶图标的绘制步骤如下。

▶01 使用渐变工具，在背景图层上绘制线性渐变。

▶02 绘制圆角矩形，将图层的"填充"值设置为0%，添加外发光效果。

▶03 复制一个圆角矩形，缩小尺寸，将填充颜色设置为白色，调整合适的"不透明度"值。添加蒙版，利用黑色画笔在蒙版上涂抹，制作渐隐效果。

▶04 将拷贝得到的矩形图层栅格化，在矩形的上面绘制选区，按Delete键删除图形。

▶05 绘制白色的正圆，为其添加斜面和浮雕效果。

▶06 选择椭圆工具，设置填充色为无，描边为白色，选择合适的宽度，绘制圆环。为圆环添加渐变叠加、投影样式。

▶07 选择钢笔工具，设置填充色为无，描边为白色，选择合适的宽度，绘制垂直线段。为线段添加渐变叠加、投影样式。

▶08 继续选择钢笔工具，更改描边宽度，绘制白色的左右箭头，最后调整图层的不透明度，完成图标的绘制，如图3-145所示。

图 3-145

3.9 本章小结

本章介绍各类图标的绘制，包括折纸图标、浏览器图标以及音量图标等。图标所包含的信息不宜过多，否则会出现无法辨识的结果。明确图标所要表达的内容之后，应尽量精简表现方式。使用最简洁的方式去表达内容，使人一目了然。图标的外部轮廓也不宜过分夸张扭曲，以免影响信息的传达。此外，在绘制图标时，需要考虑软件界面的整体风格，避免图标与界面风格发生冲突，给用户造成较差的使用体验。

第4章 绘制手机 APP 界面

利用安装在手机上的APP，用户可以登录程序、查询信息、预约行程、购买商品、在线聊天等。不同类型的APP包含的内容也不同，界面的制作效果也千差万别，共同点是都需要为用户提供优质的体验。

本章介绍绘制手机APP界面的方法。

4.1 APP界面的设计基础

APP界面与常规的网页不同，在编排上也有自己的特点。开始APP界面设计之前，了解相关的设计规范与常规流程，可以帮助设计师更顺利地推进工作进程。

4.1.1 APP界面的设计规范

APP界面的设计规范包括尺寸大小、结构类型、布局方式以及文字样式，本节简要讲述。

1. 尺寸大小

■ iOS系统的单位与尺寸

像素密度，简称ppi，全称为pixels per inch，含义为"每英寸的像素数"。像素密度越大，画面越清晰细腻。

Asset比例因子。标准分辨率显示器的像素密度使用@1x表示，表示一个像素等于一个点。高分辨率显示器的像素密度更高，比例因子为2或3，使用@2x和@3x来表示。

逻辑像素（logical pixel），以"点"（points，pt）为单位，是根据内容尺寸计算的单位。iOS设计师，以及使用Sketch的设计师在制作界面时使用pt为单位。

物理像素（physical pixel），以"像素"（pixels，px）为单位，是根据像素格来计算的单位，即移动设备的实际像素。设计师使用Photoshop制作界面时以px为单位。

iOS的设备尺寸表如图4-1所示，根据实际需要选择合适的尺寸开展界面设计。

设备名称	屏幕尺寸	ppi	Asset	竖屏点/point	竖屏分辨率/px
iPhone XS MAX	6.5 in	458	@3x	414 x 896	1242 x 2688
iPhone XS	5.8 in	458	@3x	375 x 812	1125 x 2436
iPhone XR	6.1 in	326	@2x	414 x 896	828 x 1792
iPhone X	5.8 in	458	@3x	375 x 812	1125 x 2436
iPhone 8+，7+，6s+，6+	5.5 in	401	@3x	414 x 736	1242 x 2208
iPhone 8, 7, 6s, 6	4.7 in	326	@2x	375 x 667	750 x 1334
iPhone SE, 5, 5S, 5C	4.0 in	326	@2x	320 x 568	640 x 1136
iPhone 4, 4S	3.5 in	326	@2x	320 x 480	640 x 960
iPhone 1, 3G, 3GS	3.5 in	163	@1x	320 x 480	320 x 480
iPad Pro 12.9	12.9 in	264	@2x	1024 x 1366	2048 x 2732
iPad Pro 10.5	10.5 in	264	@2x	834 x 1112	1668 x 2224
iPad Pro, iPad Air 2, Retina iPad	9.7 in	264	@2x	768 x 1024	1536 x 2048
iPad Mini 4, iPad Mini 2	7.9 in	326	@2x	768 x 1024	1536 x 2048
iPad 1, 2	9.7 in	132	@1x	768 x 1024	768 x 1024

图 4-1

图 4-1（续）

■ Android系统的单位与尺寸

网点密度，简称dpi，全称为dot per inch，表示每英寸打印的点数，用作打印分辨率的单位。使用ppi表示iOS手机，Android手机则使用dpi。在移动设备上，dpi与ppi相等，都表示每英寸所拥有的像素数量。

独立密度像素（density-independent pixels，dp），Android设备上的基本单位，与苹果设备上的pt相同。Android设备的工程师使用dp为单位，因此UI设计师标注时要将px转换为dp，dp×ppi÷160＝px。尺寸参考如图4-2所示。

独立缩放像素（scale-independent pixels，sp）是字体单位。在Android设备中，用户可以自定义文字尺寸，如小、正常、大、超大等。选择文字尺寸为"正常"时，1sp＝1dp。选择"大"或"超大"时，1sp>1dp。设计Android系统界面时，字体单位选择sp。

制作Android系统界面，在Photoshop中创建1080px×1920px的画布就可以满足要求。

在Photoshop中创建720px×1080px的画布，能制作适用于Android系统与iOS系统的界面。

在Sketch中，创建360dp×640dp的画布，可以满足Android系统与iOS系统对于界面尺寸的要求。

尺寸参考如图4-3所示。

名称	分辨率 / px×px	dpi	像素比
xxxhdpi	2160 x 3840	640	4.0
xxhdpi	1080 x 1920	480	3.0
xhdpi	720 x 1280	320	2.0
hdpi	480 x 800	240	1.5
mdpi	320 x 480	160	1.0

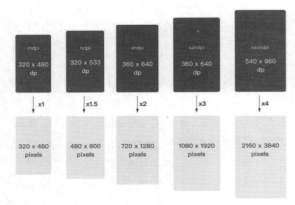

图 4-2

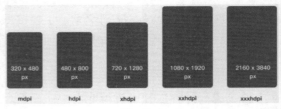

图 4-3

2. 结构类型

iOS界面的组成部分包括状态栏、导航栏以及标签栏，尺寸、分辨率与高度参数如图4-4所示。

设备	尺寸	分辨率	状态栏高度	导航栏高度	标签栏高度
iPhone XS Max	1242 px × 2688 px	458 ppi	--	--	--
iPhone X	1125 px × 2436 px	458 ppi	88 px	176 px	--
iPhone 6 Plus、6s Plus、7 Plus、8 Plus	1242 px × 2208 px	401 ppi	60 px	132 px	146 px
iPhone 6、6s、7	750 px × 1334 px	326 ppi	40 px	88 px	98 px
iPhone 5、5c、5s	640 px × 1136 px	326 ppi	40 px	88 px	98 px
iPhone 4、4s	640 px × 960 px	326 ppi	40 px	88 px	98 px
iPhone &iPod Touch第一代、第二代、第三代	320 px × 480 px	163 ppi	20 px	44 px	49 px

图 4-4

iOS手机端界面结构尺寸如图4-5所示。

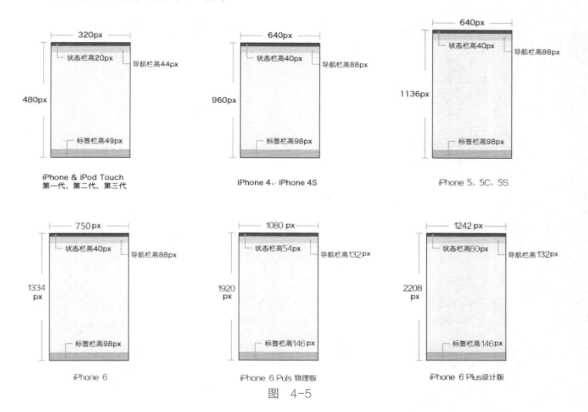

图 4-5

iPad结构界面尺寸如图4-6所示。

设备	尺寸	分辨率	状态栏高度	导航栏高度	标签栏高度
iPad第三代至第六代，以及 Air、Air2、Mini2	2048 px × 1536 px	264 ppi	40 px	88 px	98 px
iPad第一代、第二代	1024 px × 768 px	132 ppi	20 px	44 px	49 px
iPad Mini	1024 px × 768 px	163 ppi	20 px	44 px	49 px

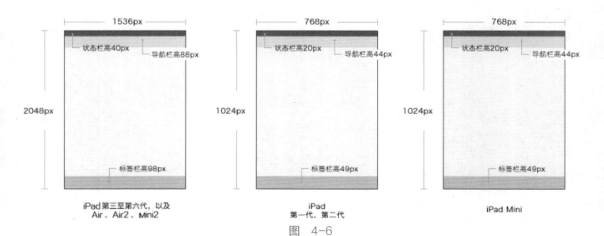

图 4-6

Android系统界面结构尺寸如图4-7所示。

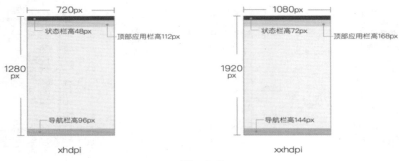

图 4-7

3. 布局方式

■ 网格系统

利用垂直与水平的参考线等距分割界面,在此基础上进行界面的布局设计,使得界面整齐规范,如图4-8所示。

■ 元素

网格系统的组成元素有列、水槽和边距,如图4-9所示。列(①)用来放置内容。水槽(②)是指列间距,用来分离内容。边距(③)是指内容与屏幕左右边缘的距离。

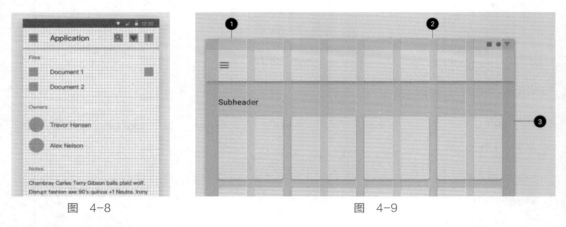

图 4-8   图 4-9

■ 运用网格

单元格。iOS最小点击区域为44pt,Android最小点击区域为48dp。使用能被整除的偶数4和8作为最小单元格较为合适。选择4时,界面被分割得太过零碎。选择8较为合适,如图4-10所示。

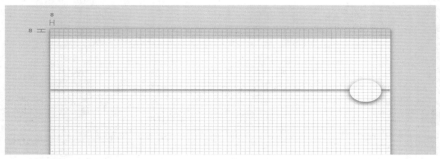

图 4-10

列。列的数量分为4列、6列、8列、10列、12列以及24列，如图4-11所示。4列在二等分的简洁界面中使用。6列、12列、24列能基本满足所有等分情况。使用24列时，画面被分割得过于零碎。12列与6列常被使用。

6列
8列
12列
24列
2等分
3等分
4等分
5等分
6等分

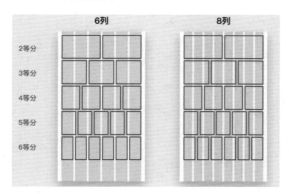

图　4-11

水槽。水槽、边距、横间距依照最小单元格8为增量来进行设置。以iOS中的@2x设计为例，水槽有16px、24px、32px，常用32px，如图4-12所示。

所有间距均为最小单元格的整数倍
32px
32px
32px
32px
32px
24px
16px
32px

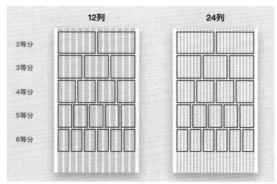

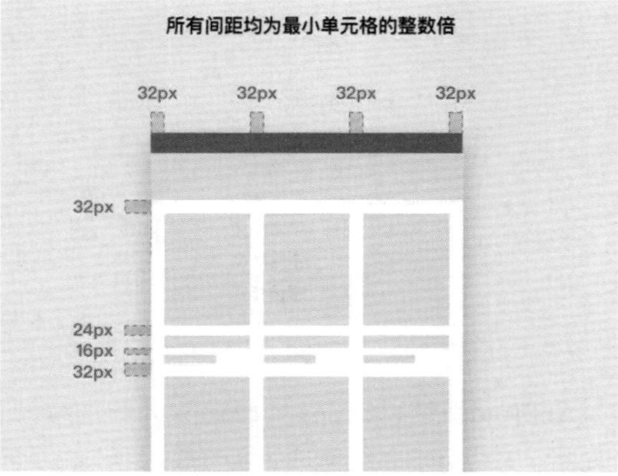

图　4-12

边距。以iOS中的@2x为标准，常用边距为20px、24px、30px、32px、40px和50px。从产品的角度出发，选择合适的边距。图4-13所示为在iOS系统界面中使用30px边距的效果。

10:34
设置
飞行模式
无线局域网
CMCC-4Tky
蓝牙
未连接
蜂窝移动网络
个人热点
关闭
VPN
10:35
设置
通用
关于本机
软件更新
隔空投送
接力
CarPlay 车载

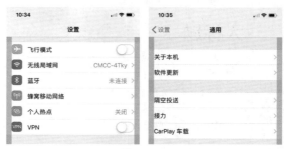

图　4-13

4. 文字样式

■ iOS文字

字体样式。iOS英文有两种字体，其一为旧金山（San Francisco，SF）字体，如图4-14所示。其二为纽约（New York，NY）字体，如图4-15所示。

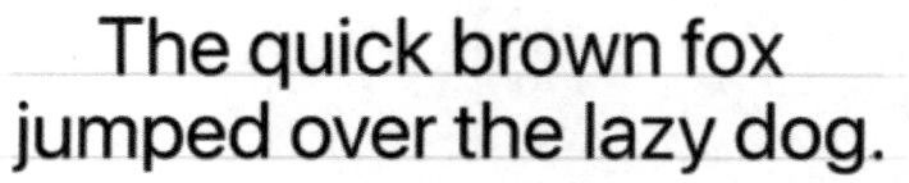

The quick brown fox
jumped over the lazy dog.

图　4-14

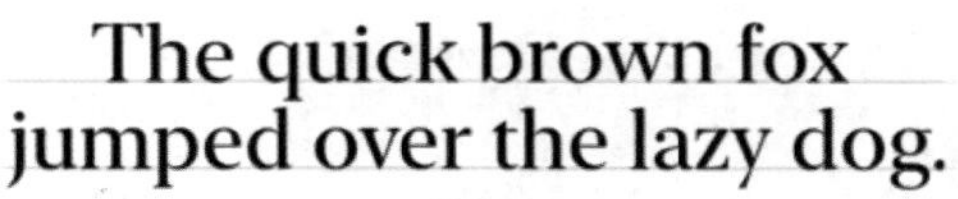

The quick brown fox
jumped over the lazy dog.

图　4-15

iOS中文选择苹方字体，如图4-16所示，提供不同的粗细方便用户选择。

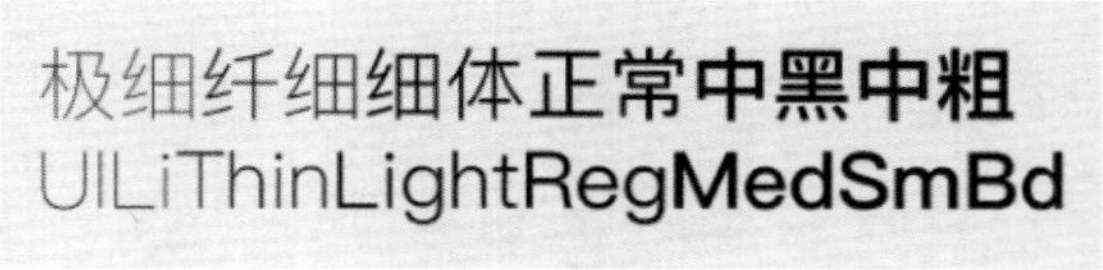

极细纤细细体正常中黑中粗
UlLiThinLightRegMedSmBd

图　4-16

字号。苹果官网有选择字号的建议，如图4-17所示。但是在界面设计的过程中，需要设计师根据最终效果去选择，并没有一个适用于所有场合的标准。

10pt（@2x为20px）是手机上能够显示的最小

字体，通常位于标签栏的图标底部。标题字号与正文字号的差异至少保持在4px（2pt@2x）。正文的行距为正文字号的1.5～2倍。

以iOS中的@2x为标准，iPhone 6/7/8App界面中的字号大小如图4-18所示。

位置	字体	字重	字号（逻辑像素）	字号（实际像素）	行距	字间距
大标题	San Francisco（简称"SF"）	Regular	34pt	68px	41pt	+11em
标题一	San Francisco（简称"SF"）	Regular	28pt	56px	34pt	+13em
标题二	San Francisco（简称"SF"）	Regular	22pt	44px	28pt	+16em
标题三	San Francisco（简称"SF"）	Regular	20pt	40px	25px	+19em
头条	San Francisco（简称"SF"）	Semi-Bold	17pt	34px	22px	−24em
正文	San Francisco（简称"SF"）	Regular	17pt	34px	22px	−24em
标注	San Francisco（简称"SF"）	Regular	16pt	32px	21px	−20em
副标题	San Francisco（简称"SF"）	Regular	15pt	30px	20px	−16em
注解	San Francisco（简称"SF"）	Regular	13pt	26px	18px	−6em
注释一	San Francisco（简称"SF"）	Regular	12pt	24px	16px	0em
注释二	San Francisco（简称"SF"）	Regular	11pt	22px	13px	+6em

图 4-17

图 4-18

■ Android文字

字体样式。Android英文使用Roboto字体，有6种字重，如图4-19所示。中文使用思源黑体，有7种字重，如图4-20所示。

字号。设计师在绘图过程中灵活运用不同大小的文字，并最终得到美观和谐的界面。

图 4-19

ExtraLight	字体样式
Light	字体样式
Normal	字体样式
✓ Regular	字体样式
Medium	字体样式
Bold	**字体样式**
Heavy	**字体样式**

图 4-20

Android系统以720px×1280px为基准编排各个元素，能与iOS系统对应，如图4-21所示。最小字号为20px。其他字号设计师根据需求选用。

图 4-21

4.1.2 APP界面的设计流程

APP界面的设计流程如图4-22所示。

数据调查 → 交互设计 → 交互检查 → 界面设计 → 测试环节 → 优化设计

图 4-22

1. 数据调查

设计师在工作开始之前，应该先了解产品的属性与定位，在此基础上调查相关数据，如用户需求、市场上同类产品的竞争情况等。掌握一定的数据后，就可以根据产品的自身情况确定设计方向。

2. 交互设计

交互设计阶段设计师开始绘制草图，包括原型设计、结构设计、流程图设计、线框图设计等。

3. 交互检查

交互检查是在交互设计阶段的工作完成后，整体检查是否有遗漏的内容，或者需要再完善的细节。

4. 界面设计

草图定稿后，就可以在计算机上开始视觉设计工作。在此期间，图片的选择、文字内容的录入，都需要符合规范。

5. 测试环节

测试环节是邀请用户参与测试，开发人员与设计师监控后台数据，并听取用户意见，及时更改有瑕疵的部分。

6. 优化设计

优化设计是产品上线后，接受更广泛的用户测试。开发人员与设计师收到反馈后及时更新产品并发布最新版本。新版本上线后，再继续新一轮的监控与修改工作。

4.1.3 APP界面的分类

APP界面可以分为闪屏页、引导页、首页、个人主页、详情页以及注册登录页。

1. 闪屏页

闪屏页也称启动页，是启动APP后首先映入眼帘的界面，如图4-23所示。用户经由闪屏页对APP作出情感判断，喜欢或者不感兴趣。

图 4-23

2. 引导页

引导页为一组图片，3～5页，如图4-24所示。用户首次启动APP会看到引导页，引导页可帮助用户了解APP的特点与功能，带领用户进入使用场景。

图　4-24

3. 首页

首页又称起始页，是APP的第一页，体现产品的风格，如图4-25所示。用户从首页出发，深入了解产品。如网上超市首页主要展示各类商品，用户通过点击商品预览窗口打开详情页，了解详细信息。

图　4-25

4. 个人主页

个人主页用来展示用户的个人信息，如用户名称、收货地址、浏览记录等，包括商家提供的售后服务，如退款、退货、开具发票等，如图4-26所示。

图　4-26

5. 详情页

详情页展示商品的详细信息，包括细节图片、商品名称、当前价格、销售额以及用户评价，如图4-27所示。

图 4-27

6. 注册登录页

注册登录页为用户提供注册、登录服务，如图4-28所示。用户可以直接输入账号与密码登录，或者利用第三方账号登录。

图 4-28

4.2 认识APP界面的组成元素

面对每天都使用的手机APP，许多人都习以为常，不曾注意过界面的组成元素有哪些。本节介绍APP界面主要的组成元素，包括状态栏、搜索框等。

4.2.1 状态栏

状态栏显示在页面的顶部，显示通信信号、运营商、时间、电量等信息。状态栏为系统默认显示，不需要用户参与设置。图4-29所示为在购物APP中状态栏的显示效果。

图 4-29

4.2.2 搜索框

搜索框方便用户输入内容后直接搜索，避免在页面中翻找，浪费时间。按照不同的情况，搜索框会被放置在页面的顶部、中部或其他地方。

有的APP提供智慧搜索功能，即用户在输入内容的同时，系统自动识别所输入的内容，在下拉列表中提供与之相近的搜索结果。

图4-30所示为酒店APP的搜索栏显示在页面的中间。网课APP的搜索栏显示在页面的顶部，如图4-31所示。搜索栏的位置没有明确的规定，前提是操作方便。

图 4-30   图 4-31

4.2.3 内容区域

内容区域中容纳APP的主要功能，用户在内容区域查看、寻找自己所需要的信息。点击内容区域某类信息，用户可以进入下一个页面查看详

细内容，如各类购物APP就可以通过点击商品图片进入商品的详情页。

在内容区域中，信息的展示方式各有不同。有图标展示、文字展示、图标+文字展示、动态展示等，图4-32所示为不同类型APP展示内容的效果。

图 4-32

4.2.4 导航

导航显示APP的功能，常见的有顶部图标导航、底部图标导航、列表式导航以及宫格式导航等。以图标导航为例，将APP的功能以图标的方式，或者图标+文字的方式放置在导航中，方便用户点击调用。列表式导航以列表的方式展示APP功能，具有清晰明了的优点，可以容纳较多的信息。

列表导航常用来展示同类信息，如登录方式、内容类别等，如图4-33所示。也可以使用宫格的方式制作导航，宫格导航具有醒目、易操作等特点，用户点击入口即可打开相关页面。

图 4-33

4.2.5 其他组件

　　虚拟键盘。在操作APP的过程中，有时需要用户输入密码、验证码或账号，此时屏幕会弹出一个虚拟键盘，方便用户点击输入。在使用手机拨号时，也会弹出虚拟键盘，如图4-34所示，代替旧版手机的按键。

　　优化操作。总结一下目前操作APP的方式，除了最常用的点击之外，又推出了滑动、手势、指纹、刷脸等方式，自由灵活度更高，极大地提高了操作效率。

　　在手机的指纹录入页面中，用户只需将手指对准屏幕中拾取指纹信息的区域，如图4-35所示，系统识别正确后就可开启手机的相应功能。

图　4-34

图　4-35

4.3　制作首页

　　本节案例为网上超市首页，用来展示超市的商品种类以及当前的优惠信息。用户可以直接点击商品图标进入商品界面，详细阅读相关信息后决定是否购买。也可以在界面顶端的搜索栏中输入待购的商品名称，点击"放大镜"按钮即可显示搜索结果。

　　将主打商品放置在banner中，可吸引用户的注意力，增加下单率。公告栏中的信息根据情况实时更新，告知用户当前情况。各类商品以图标+文字的方式等距排列，一目了然，方便用户选购。

　　首页为用户提供实时优惠信息，使用户可以在指定的时间内享受折扣。此外，超级精选窗口与惊喜特价窗口都为用户提供最优商品及最低价格。

▶01 启动Photoshop应用程序，执行"文件"|"新建"命令，打开"新建文档"对话框。参数设置如图4-36所示。单击"创建"按钮，新建文件。

▶02 设置前景色为浅灰色（#f9f8f8），使用Alt+Delete组合键填充前景色。

▶03 新建一个图层，更改前景色为橙色（#fe7c1d）。选择渐变工具■，指定渐变类型为"前景色到透明渐变"，从上至下绘制线性渐变，如图4-37所示。

▶04 将光标放置在左侧标尺上，按住鼠标左键不放向右移动光标，拖出参考线。

▶05 选择矩形工具■，设置合适的圆角半径值，绘制橙色（#ffa96a）矩形与白色矩形，如图4-38所示。

▶06 双击"矩形"图层，在"图层样式"对话框中设置"投影"参数，为矩形添加投影的效果如图4-39所示。

▶07 打开"状态栏.psd"文件，将状态栏移动至当前界面，如图4-40所示。

图　4-37

图　4-38

图　4-36

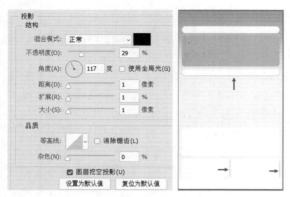

图 4-39

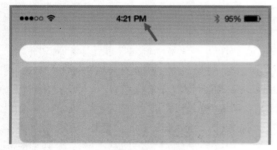

图 4-40

▶**08** 选择矩形工具 ▭，设置渐变填充参数以及圆角半径，绘制矩形。按住Alt键复制多个矩形，结果如图4-41所示。

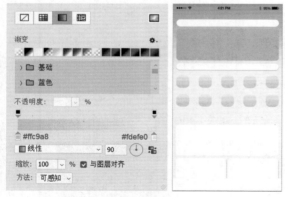

图 4-41

▶**09** 选择在上一步骤中创建的矩形，使用Ctrl+G组合键组合成组。双击组，打开"图层样式"对话框，设置"投影"参数，为组内的矩形添加投影，如图4-42所示。

▶**10** 继续绘制矩形，并设置不同的填充颜色，如图4-43所示。

▶**11** 在图层面板选择箭头指向的"矩形"图层，

按住Ctrl键单击图层缩览图，创建选区。设置前景色为浅红色（# ffd4d0），选择渐变工具 ▭，指定渐变类型为"前景色到透明渐变"，从上至下绘制线性渐变，如图4-44所示。

图 4-42

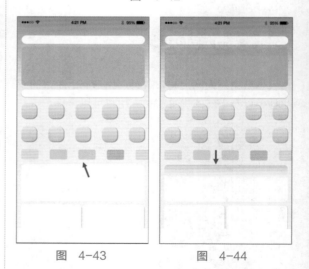

图 4-43　　　　　　　图 4-44

▶**12** 重复操作，继续绘制圆角矩形，结果如图4-45所示。

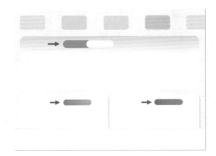

图 4-45

▶13 打开"图标.psd"文件，将图标移动至当前界面，并调整位置与尺寸，如图4-46所示。

▶14 打开素材图片，放置在合适的位置，如图4-47所示。

图 4-46   图 4-47

▶15 选择"龙虾"图层，为其添加图层蒙版。选择图层蒙版，使用黑画笔在蒙版中涂抹，为图片制作渐隐效果，如图4-48所示。

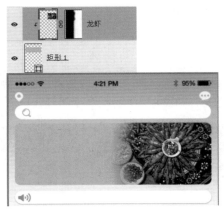

图 4-48

▶16 选择横排文字工具 **T**，添加文字，最后效果如图4-49所示。

图 4-49

4.4 制作精选界面

本节案例为网上超市精选界面，罗列一些特选商品及与之相关的购买信息。在该界面中同样提供搜索栏，搜索精选商品。列表向上收缩，为的是节省空间。单击"列表"按钮，可以临时弹出商品列表，选择商品类型后再隐藏即可。

左侧显示商品类型名称，单击名称，即可在右侧界面显示商品。在右侧界面中，显示商品图片、商品描述文字以及当前价格。单击"加号"按钮，即可加入购物车。如果需要进一步了解商品信息，可以点击窗口，打开详情界面。

4.4.1　整理图形

▶01 选择在4.3节中绘制完成的"首页.psd"文件，拷贝一份，重命名为"精选界面.psd"。

▶02 打开"精选界面.psd"文件，删除多余的图形与文字，保留需要的部分，并对其进行调整，整理结果如图4-50所示。

▶03 新建一个图层。选择矩形选框工具[::]。拖动光标绘制选框，如图4-51所示。

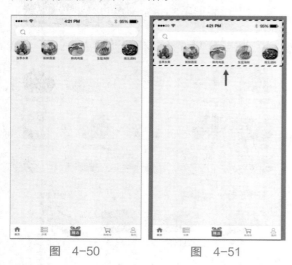

图　4-50　　　　　　　图　4-51

▶04 设置前景色为浅绿色（#d8ffd1）。选择渐变工具 ，指定渐变类型为"前景色到透明渐变"，在矩形选框内从上至下绘制线性渐变，如图4-52所示。

图　4-52

▶05 更改首页图标及文字为灰色（#a2a2a2），如图4-53所示。

图　4-53

▶06 选择矩形工具 ，设置合适的圆角半径值，绘制灰色（#f1f1f1）和白色矩形，如图4-54所示。

▶07 重复上述操作，继续绘制圆角矩形，如图4-55所示。

图　4-54　　　　　　　图　4-55

4.4.2　添加素材

▶01 打开底纹素材，使用Shift+Ctrl+U组合键对素材执行去色处理。将素材移动至当前界面，放置在合适的位置，如图4-56所示。

图　4-56

▶02 更改图层的不透明度，调整素材在界面中的显示效果，如图4-57所示。

图　4-57

▶03 打开水果素材，放置在当前界面，调整结果
如图4-58所示。

图 4-58

▶04 打开丝瓜、荔枝与鸡蛋素材，调整尺寸与位
置，结果如图4-59所示。

图 4-59

▶05 选择矩形工具，绘制绿色（#22cc00）矩形，
并调整矩形的角度，如图4-60所示。

图 4-60

▶06 将绿色矩形放置在白色圆角矩形上，使用
Alt+Ctrl+G组合键创建剪贴蒙版，隐藏多余部分，
结果如图4-61所示。

▶07 重复上述操作，复制矩形并创建剪贴蒙版，
效果如图4-62所示。

图 4-61

图 4-62

▶08 打开标签素材，移动至当前界面，并调整角
度与尺寸，如图4-63所示。

图 4-63

▶09 选择椭圆工具 ◯，按住Shift键绘制绿色
（#22cc00）正圆。按住Alt键移动复制，结果如图
4-64所示。

▶10 选择横排文字工具 T，输入"+"，并将
"+"放置在正圆上，如图4-65所示。

▶11 打开红标签素材，移动至当前界面，如图
4-66所示。

图 4-64

图 4-65

图 4-66

▶**12** 按住Alt键复制红标签，使用
Ctrl+T组合键进入变换模式。右
击，在弹出的快捷菜单中选择"水
平翻转"选项，调整红标签的方
向，最后调整尺寸与位置，如图
4-67所示。

▶**13** 选择横排文字工具**T**，输入说
明文字，如图4-68所示。

图 4-67

图 4-68

▶**14** 选择矩形工具▢，在"聚划算"右侧绘制白
色矩形，如图4-69所示。

图 4-69

▶**15** 使用钢笔工具✐，设置填充色为无，描边为
灰色，绘制向下箭头，如图4-70所示。

图 4-70

▶**16** 选择矩形工具▢，在状态栏的下方绘制绿色
（#e1fddc）矩形，如图4-71所示。

图 4-71

17 选择多边形工具⬡，设置填充色为黑色，边数为3，按住Shift键绘制三角形，如图4-72所示。

18 选择横排文字工具**T**，在三角形的上方输入文字，如图4-73所示。

图　4-72　　　　　图　4-73

19 重复上述操作，使用多边形工具⬡绘制灰色三角形，如图4-74所示。

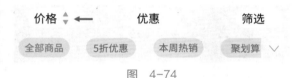

图　4-74

20 选择三角形，向右移动复制，结果如图4-75所示。

图　4-75

21 选择椭圆工具〇，按住Shift键绘制白色椭圆。双击椭圆，打开"图层样式"对话框，设置"投影"参数，为椭圆添加投影的效果如图4-76所示。

图　4-76

图　4-76（续）

22 打开购物车图标，将其放置在椭圆上，如图4-77所示。

23 选择椭圆工具〇，按住Shift键绘制红色椭圆。使用横排文字工具**T**，在椭圆上输入数字，如图4-78所示。

图　4-77　　　　　图　4-78

24 精选界面的绘制结果如图4-79所示。

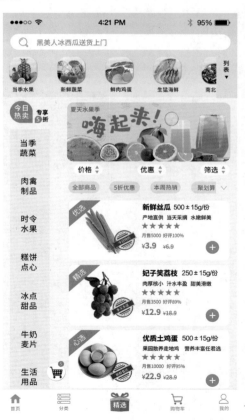

图　4-79

4.5 制作个人界面

本节案例为网上超市个人界面，展示用户信息以及APP提供的服务，还可以浏览优惠商品信息。使用网上超市购物，需要先注册账号，输入个人信息，包括姓名、地址、电话等，方便商家配送。已有账号的用户在付款前登录账号即可。

在界面中可以查询物流信息，实时跟踪物流动态。还能随时联系客服，了解更多详细信息。除此之外，还有商品评价、加入会员、开具发票等服务项目。

界面下方为超级优惠窗口，告知顾客商品的信息，包括当前价格、折扣时段等。

▶01 选择在4.4节中绘制的"精选界面.psd"文件，复制一份，重命名为"个人界面.psd"。

▶02 打开"个人界面.psd"文件，删除多余的图形与文字。更改"个人"图标与文字的颜色为红色（#ff1e00），如图4-80所示。

▶03 新建一个图层，设置前景色为橙色（#fe7c1d）。选择渐变工具▣，指定渐变类型为"前景色到透明渐变"，从上至下绘制线性渐变，如图4-81所示。

图 4-80

图 4-81

▶04 选择矩形工具▢，设置合适的圆角半径值，绘制白色的圆角矩形，如图4-82所示。

▶05 选择椭圆工具◯，按住Shift键，绘制白色正圆，如图4-83所示。

▶06 打开水果素材，移动至当前界面，放置在圆形上，如图4-84所示。

▶07 选择"水果"图层，使用Alt+Ctrl+G组合键，创建剪贴蒙版，如图4-85所示。

图 4-82

图 4-83

图 4-84

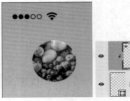

图 4-85

▶08 重复上述操作，打开图片素材移动至当前界面，并创建剪贴蒙版，如图4-86所示。

▶09 打开"图标.psd"文件，将图标移动至当前界面，调整大小，放置在合适的位置，如图4-87所示。

图 4-86

▶10 选择横排文字工具**T**，输入说明文字，如图4-88所示。

▶11 打开图片素材，放置在界面中的合适位置，如图4-89所示。

图 4-87   图 4-88   图 4-89

▶12 选择矩形工具▭，设置填充色为红色（#ed4844），绘制直角矩形，如图4-90所示。

图 4-90

▶13 使用钢笔工具✍，在矩形的右侧边上单击，创建一个锚点，如图4-91所示。

图 4-91

▶14 选择直接选择工具▷，将新增锚点向右移动，如图4-92所示。

图 4-92

▶15 选择转换点工具⋏，单击右侧锚点，将其转换为角点，如图4-93所示。

图 4-93

▶16 选择横排文字工具**T**，在矩形上输入说明文字，如图4-94所示。

▶17 个人界面的绘制结果如图4-95所示。

超级优惠

图 4-94

图 4-95

4.6 制作详情界面

本节案例为网上超市详情界面，介绍商品的详细信息，包括商品名称、当前价格、排行榜名次以及用户评价等。展示商品高清细节图片，有助于用户进一步了解商品，产生购买欲。

提供商品的受欢迎程度数据以及销售数量，刺激用户购买。还可以添加合并购买商品能够享受的折扣，以便用户一起购买同类商品。

用户评价很重要，这些购买体验能极大地阻碍或促进商品销售。提供收藏与加入购物车两项操作，方便用户暂时收藏商品或立即下单购买。

4.6.1 整理图形

▶01 选择在4.5节中绘制的"个人界面.psd"文件，复制一份，重命名为"详情界面.psd"。

▶02 删除不需要的图形与文字，保留状态栏，如图4-96所示。

▶03 选择矩形工具，设置合适的圆角半径值，绘制白色的圆角矩形，如图4-97所示。

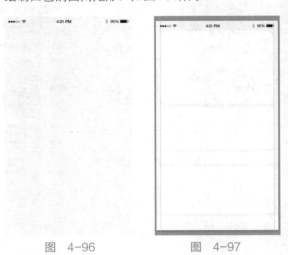

图 4-96　　　　　　　图 4-97

▶04 打开"月饼"素材，放置在界面的上方，如图4-98所示。

图 4-98

▶05 执行"图层"|"创建剪贴蒙版"命令，隐藏素材多余的部分，结果如图4-99所示。

图 4-99

▶06 选择椭圆工具，按住Shift键，绘制白色正圆，如图4-100所示。

▶07 使用钢笔工具，设置填充色为无，描边为黑色，设置合适的描边宽度，在正圆内部绘制线段，如图4-101所示。

08 选择矩形工具▢，设置填充色为无，描边为黑色，输入合适的圆角半径值，按住Shift键，在右侧的正圆内绘制白色的圆角矩形，如图4-102所示。

图 4-100

图 4-101　　　　　图 4-102

09 选择"圆角矩形"图层，右击，在弹出的快捷菜单中选择"栅格化图层"选项，栅格化矩形。选择矩形选框工具▢，在矩形的右上角绘制选框，按Delete键，删除选框内的图形，如图4-103所示。

图 4-103

10 选择钢笔工具✍，设置填充色为无，描边为黑色，输入合适的描边宽度，在矩形的右上角绘制斜线段，如图4-104所示。

11 使用多边形工具⬡，设置色填充色为黑色，边数为3，按住Shift键绘制正三角形，并调整角度与位置，结果如图4-105所示。

12 选择矩形工具▢，设置填充色为浅灰色（#dddddd），描边为无，为左上角与左下角输入合适的圆角半径值，右上角与右下角的圆角半径为0，绘制的矩形如图4-106所示。

13 选择横排文字工具**T**，在矩形内输入文字，如图4-107所示。

图 4-104　　　　　图 4-105

图 4-106

图 4-107

4.6.2　添加商品信息

01 重复选择横排文字工具**T**，设置合适的字体与颜色，输入商品的名称与说明文字，如图4-108所示。

图 4-108

▶02 将文字的颜色设置为红色（#ff0600），输入商品价格与其他文字，如图4-109所示。

图 4-109

▶03 设置文字的颜色为灰色（#8f8f8f），输入商品的原价格，再在字符面板中单击"删除线"按钮， 为原价格添加删除线，如图4-110所示。

图 4-110

▶04 使用多边形工具， 设置填充色为红色，边数为5，在属性面板中设置参数，如图4-111所示。

图 4-111

▶05 完成上述设置后，按住Shift键绘制五角星，如图4-112所示。

▶06 选择五角星，按住Alt键向右移动复制4个，并等距排列，如图4-113所示。

▶07 选择矩形工具， 设置填充色为渐变色，描边为无，输入合适的圆角半径值，绘制的矩形如图4-114所示。

图 4-112

图 4-113

▶08 打开"图标.psd"文件，选择皇冠图标，将其放置在矩形的左侧，如图4-115所示。

图 4-114

图 4-115

▶09 选择横排文字工具**T**，在皇冠图标的右侧输入文字，如图4-116所示。

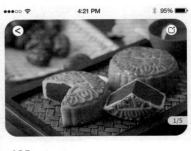

图 4-116

▶10 将文字颜色设置为黑色，输入优惠信息，如图4-117所示。

图 4-117

▶11 从"图标.psd"文件中选择热度图标，将其放置在"优惠加购"文字的右侧，并调整尺寸，如图4-118所示。

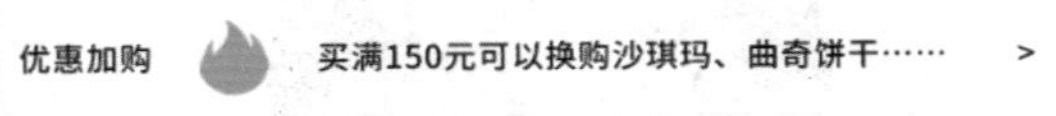

图 4-118

▶12 在热度图标内输入"6折"，文字颜色为白色，如图4-119所示。

▶13 选择矩形工具▢，设置填充色为灰色（#f8f8f8），描边为无，输入合适的圆角半径值，绘制的矩形如图4-120所示。

▶14 选择椭圆工具◯，按住Shift键，绘制灰色（#d6d6d6）正圆，如图4-121所示。

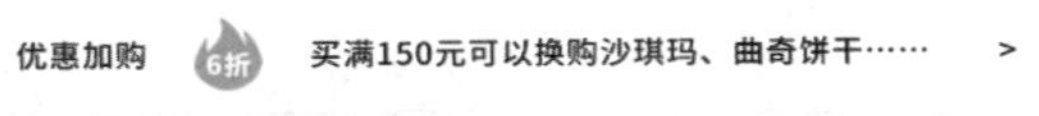

图 4-119

图 4-120

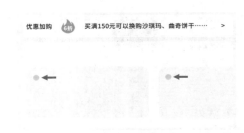

图 4-121

▶15 打开"天空""悬崖"图片素材，放置在正圆上，使用Alt+Ctrl+G组合键创建剪贴蒙版，结果如图4-122所示。

图 4-122

▶16 选择横排文字工具**T**，输入用户名称与评价内容，如图4-123所示。

图 4-123

▶17 使用多边形工具 ⬡，设置填充色为金色（#ffae00）与灰色（#8f8f8f），边数为5，在属性面板中设置星形比例☆为50%，按住Shift键绘制五角星，如图4-124所示。

▶18 打开"用户月饼"素材，调整尺寸，放置在评价内容的右侧，如图4-125所示。

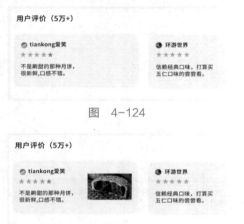

图 4-124

图 4-125

▶19 选择矩形工具 ▢，设置填充色为红色（#e92e29），描边为无，输入合适的圆角半径值，绘制的矩形如图4-126所示。

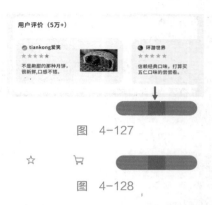

图 4-127

图 4-128

▶22 选择横排文字工具 **T**，输入文字、数字与符号，如图4-129所示。

图 4-129

▶23 选择椭圆工具 ◯，按住Shift键，绘制红色（#ff0000）正圆，如图4-130所示。

图 4-130

▶24 选择横排文字工具 **T**，在正圆内输入数字，如图4-131所示。

图 4-131

▶25 详情页的最终结果如图4-132所示。

图 4-126

▶20 更改填充颜色为深红色（#d01e19），绘制直角矩形，如图4-127所示。

▶21 从"图标.psd"文件中选择收藏、购物车图标，放置在矩形的左侧，如图4-128所示。

图 4-132

4.7　课后习题

本节提供美食APP登录界面与天气APP主界面两个案例，帮助用户巩固所学知识。请用户自行练习制作，或者参考配套资源提供的源文件来练习。

4.7.1　绘制美食APP登录界面

美食登录界面以食物为背景图片，为用户提供输入账号与密码的文本栏。还可以利用其他的社交账号登录APP，以图标提示不仅识别度高，还能作为装饰元素美化界面。

▶01　启动Photoshop，执行"文件"|"新建"命令，新建一个文档。

▶02　导入图片，调整尺寸与位置，作为界面背景。

▶03　使用矩形工具▭，绘制白色无描边圆角矩形，用来显示用户账号或手机号以及登录密码。

▶04　继续绘制矩形，作为登录与注册按钮。

▶05　添加图标后，使用横排文字工具**T**，选择字体与字号，设置合适的颜色，输入文字。

▶06　执行"文件"|"导出"|"导出为"命令，在"导出为"对话框中设置文件格式与尺寸等参数，单击"导出"按钮，指定存储路径，即可输出图片，如图4-133所示。

4.7.2　绘制天气APP主界面

天气APP主界面用来展示天气信息，包括温度、风速、湿度等，还可以展示未来数天内的天气预测，方便用户安排日常生活。

▶01　启动Photoshop，执行"文件"|"新建"命令，新建一个文档。

▶02　使用渐变工具▬，为背景填充渐变色。

▶03　使用钢笔工具✐、椭圆工具◯、矩形工具▭，绘制云朵与太阳图形，并为图形添加图层样式，包括斜面浮雕、渐变叠加、投影。

▶04　使用横排文字工具**T**，输入温度信息、日期、地址等。

▶05　添加图标，增加界面的可识读性与趣味性。

▶06　执行"文件"|"导出"|"导出为"命令，输出图片，如图4-134所示。

4.7.3　绘制聊天APP界面

聊天界面的绘制步骤如下。

▶01　使用矩形工具▭，设置填充颜色与描边参数、圆角半径，拖曳光标绘制界面轮廓。

▶02　使用直线工具╱绘制水平线段划分区域。

▶03　使用椭圆工具◯，按住Shift键绘制正圆，再添加图片，完成头像的绘制。

▶04　继续绘制圆角矩形，在路径上添加夹点。移动夹点，绘制聊天气泡。更改气泡颜色，区别不同的聊天对象。

▶05　添加图标与背景，完成绘制，如图4-135所示。

图　4-133

图　4-134

图　4-135

4.8　本章小结

　　本章介绍各种类型APP界面的绘制。APP界面的绘制，应该条理清晰、指向明确，以免用户在使用过程中产生歧义。此外，设计师应了解用户操作界面的习惯，将重要按钮安排在触手可及的位置。用户的阅读习惯也应该被照顾，对于主要信息与次要信息、装饰元素之间的搭配，应重点突出主要信息，穿插布置次要信息，装饰元素则多用来装点界面。

第5章 绘制网络直播界面

网络直播如火如荼，各类商品争先恐后与顾客见面。名目繁多的购物节，让人目不暇接。直播界面需要快速、直观地传达信息，包括售卖的商品、开播的时间等。

本章介绍直播界面的绘制方法。网络直播界面不需要添加很多繁杂的装饰元素或者详细的介绍信息，应该快速地抓住顾客的注意力，传达直播信息，引导其进入直播间。在直播间内主播会介绍商品的详细信息，包括购买折扣、使用方法、功效等，顾客此时可以酌情按需购买商品。

5.1 网络直播界面设计基础

直播带货风起云涌，席卷大江南北。直播界面作为传达信息的媒介，将商品的销售信息告知顾客。本节介绍绘制直播界面的方法。

5.1.1 网络直播界面概述

直播界面包含销售人员（主播）、广告语、商品、折扣信息以及开播时间等内容。通过直播界面，清晰地传达商品信息，旨在快速地吸引用户注意力，导向消费。设计师权衡元素的重要性，合理编排界面，将重点信息广而告之，如商品类别、折扣力度、销售地点等。

5.1.2 网络直播界面的设计流程

网络直播界面的设计流程如图5-1所示。

图 5-1

1. 搜集数据

参与直播销售的商品多如牛毛，设计师需要去繁就简，搜集某类商品的相关信息，如商品类型、目标人群、同类商品的竞争情况。去粗取精，保留有用信息，以此为基础，思考界面的制作方向。

2. 绘制草图

与其各种想法在脑海里翻腾，不如动手绘制草图。设计师在绘制的过程中，发现不足，去除瑕疵，反复思考，得到初稿。

3. 细节润色

初稿已有大致的轮廓，但是细节不足，于是设计师针对细节加以调整与润色，使界面更加丰满，功能更加完善。

4. 界面制作

完善细节后利用绘图软件（如Photoshop）绘制界面。在该阶段还可以对界面进行修饰，使最终效果趋向完美。

5. 在线发布

在线发布直播界面，投入市场接受检验。直播界面与APP界面不同，不存在更新升级后推出新版本。设计师需要在每次的制作过程中积累经验，总结教训，使下一次的制作效果能够更符合市场需求。

5.1.3 网络直播界面的设计原则

网络直播界面的设计原则介绍如下。

1. 醒目

如何在众多的直播界面中脱颖而出？醒目是一个要点。各类广告铺天盖地，用户浏览每个广告的时间很短，醒目活泼的界面可以在短时间内抓住用户的注意力，如图5-2所示。

图　5-2

2. 清晰

吸引用户的关注后，用户会阅读界面中的文字信息，包括商品类别、价格信息以及开播时间等。这就要求界面中的信息主次有别，突出重点，如图5-3所示。界面应方便用户在短时间内获得主要信息，达到推广的目的。

图　5-3

3. 新颖

精致新颖的界面是吸引用户继续阅读的原因之一，如图5-4所示。在布置界面时，将图形、文字、装饰元素等合理编排，稳中求变，既落落大方地传达信息，又灵动狡黠地活跃气氛，使用户注意力的停留时间更长一些。

图　5-4

5.2　制作中国风直播预热页

本节案例为中国风直播页面，背景以红色系为主，辅助元素为红灯笼、云纹纹理、红包、格子窗等。确定页面风格后，选择元素时也有了一个大致的方向。有了方向后，寻找、绘制元素时会得心应手。

在绘制框架时，灵感来自园林的门窗造型，颜色为墨绿色，为的是与红色背景形成对比，增添趣味。人物身上的红帽子、红围巾与整体色调形成呼应。

弹窗浮动在人物的右下角，提示顾客商品的优惠信息。二维码的红色框架添加金色的描边，突出显示又庄重大方。

5.2.1　绘制背景

▶**01** 启动Photoshop，执行"文件"|"新建"命令，打开"新建文档"对话框，参数设置如图5-5所示。单击"创建"按钮，新建一个文档。

图　5-5

▶02 设置前景色为红色（#ab0c0f），使用Alt+Delete组合键填充前景色，如图5-6所示。

> **提示**　新建一个文档后，会自动创建背景图层。设置前景色后，直接在背景图层上填充即可。

▶03 打开"云纹"素材，调整尺寸与位置，结果如图5-7所示。

图　5-6　　　　　　　　图　5-7

▶04 调整"云纹"图层的"不透明度"为13%，"填充"为34%，云纹的显示效果如图5-8所示。

图　5-8

▶05 打开"灯笼"素材，放置在页面的上方，如图5-9所示。

▶06 打开"红包与金币"素材，放置在页面的下方，如图5-10所示。

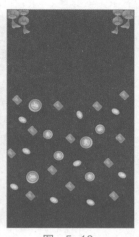

图　5-9　　　　　　　　图　5-10

5.2.2　绘制窗口

▶01 打开"窗口"素材，放置在页面的中间，如图5-11所示。

图　5-11

▶02 双击"窗口"图层，打开"图层样式"对话框，设置"描边""渐变叠加"参数，如图5-12所示。

图　5-12

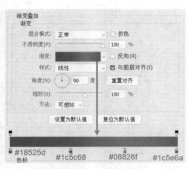

图 5-12（续）

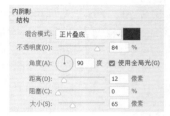

图 5-15（续）

03 单击"确定"按钮，添加样式效果后的图形如图5-13所示。

04 使用Ctrl+J组合键拷贝"窗口"图层，使用Ctrl+T键进入变换模式，按住Alt键，将光标放置在右上角点，向内拖拽光标，中心缩放矩形，如图5-14所示。

图 5-16

图 5-17

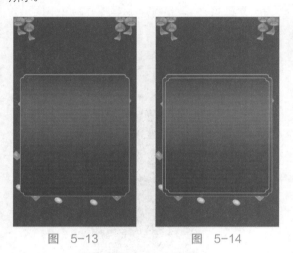

图 5-13   图 5-14

08 选择"喜庆"图层，执行"图层"|"创建剪贴蒙版"命令，隐藏图形的多余部分，如图5-18所示。

05 删除"窗口拷贝"图层"渐变叠加"样式，更改"描边"参数，并新增"内阴影"参数，如图5-15所示。

06 修改效果如图5-16所示。

07 打开"喜庆"素材，放置在画面中间，如图5-17所示。

图 5-18

图 5-15

09 选择矩形工具 ▭，设置填充色为红色（#ab0c0f），描边为渐变色，输入合适的圆角半径值，绘制圆角矩形如图5-19所示。

10 打开"人物"素材，放置在窗口中，如图5-20所示。

图　5-19

图　5-20

5.2.3　绘制边框

▶01 打开"边框"素材，如图5-21所示。

▶02 按住Ctrl键单击"边框"图层的缩览图，创建选区，如图5-22所示。

▶03 新建一个图层，重命名为"描边"。执行"编辑"|"描边"命令，在"描边"对话框中设置参数，如图5-23所示。

图　5-21

图　5-22

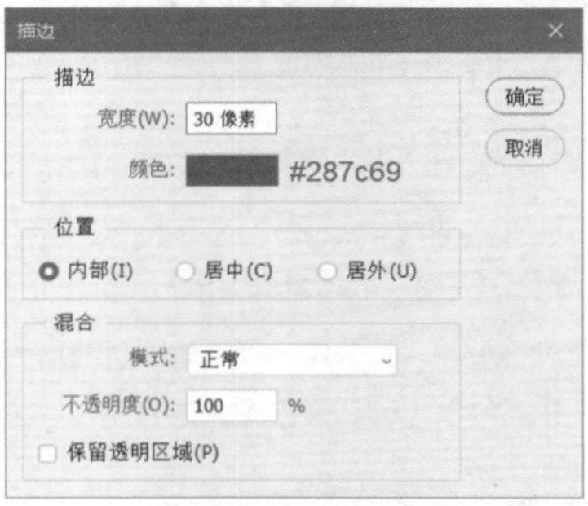

图　5-23

▶04 单击"确定"按钮，为图形添加描边的效果如图5-24所示。

图　5-24

▶05 双击"描边"图层，在"图层样式"对话框中设置"斜面和浮雕""渐变叠加""投影"参数，如图5-25所示。

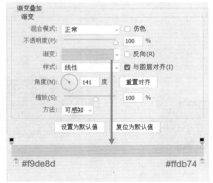

图　5-25

▶06 为描边添加图层样式的效果如图5-26所示。

图 5-26

▶07 选择椭圆工具 ◯，设置填充色为无，描边为褐色（#b28850），按住Shift键绘制正圆，如图5-27所示。

图 5-27

▶08 参考步骤（5）的参数设置，为椭圆添加"斜面和浮雕""渐变叠加""投影"样式，如图5-28所示。

图 5-28

▶09 选择"椭圆"图层，按住Ctrl键单击图层缩览图，创建选区，如图5-29所示。

图 5-29

▶10 选择"边框"图层，单击图层面板下方的"添加图层蒙版"按钮 ◼，创建图层蒙版，并把椭圆选区内的图形隐藏，如图5-30所示。

图 5-30

▶11 选择矩形工具 ▭，设置填充色为青色（#086772），描边为无，输入合适的圆角半径值，绘制的矩形如图5-31所示。

图 5-31

▶12 选择"矩形"图层，按住Ctrl键单击图层缩览

图，创建选区如图5-32所示。

▶13 新建一个图层，重命名为"矩形描边"。执行"编辑"|"描边"命令，打开"描边"对话框，参数设置如图5-33所示。

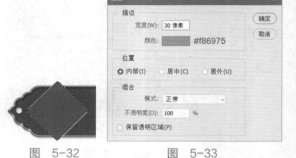

图 5-32　　　　图 5-33

▶14 单击"确定"按钮，为矩形添加描边的效果如图5-34所示。

▶15 参考步骤（5）的参数设置，为矩形描边添加"斜面和浮雕""渐变叠加""投影"样式，如图5-35所示。

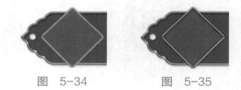

图 5-34　　　　图 5-35

▶16 选择绘制完毕的图形，按住Alt键创建三个副本，并居中对齐，如图5-36所示。

图 5-36

▶17 打开"纹理1""纹理2"素材，放置在合适的位置，如图5-37所示。

图 5-37

▶18 参考步骤（5）的参数设置，为纹理描边添加

"斜面和浮雕""渐变叠加""投影"样式,如图5-38所示。

图 5-38

▶19 图形绘制完毕后,放置在人物的上方,如图5-39所示。

图 5-39

5.2.4 绘制文字

▶01 使用横排文字工具 **T**,选择合适的字体、字号,颜色为白色,输入标题文字,如图5-40所示。

图 5-40

▶02 双击文字,打开"图层样式"对话框,添

加"斜面和浮雕""投影"样式,参数设置如图5-41所示。

图 5-41

▶03 单击"确定"按钮,添加样式后文字显示如图5-42所示。

图 5-42

▶04 输入文字"现场直播",调整文字间距,如图5-43所示。

图 5-43

▶05 为"现场直播"文字添加"渐变叠加""投影"样式,结果如图5-44所示。

#efcb9a　　　　　#faf8ee

图　5-44

5.2.5　绘制弹窗

▶01 选择矩形工具 ▢ ，设置填充色为红色（#ab0c0f），描边为无，输入合适的圆角半径值，在人物的右下方绘制矩形，如图5-45所示。

图　5-45

▶02 双击"矩形"图层，在"图层样式"对话框中设置"描边""内发光"样式参数，如图5-46所示。

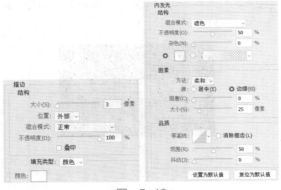

图　5-46

▶03 单击"确定"按钮，为矩形添加样式的效果如图5-47所示。

图　5-47

▶04 继续绘制红色（#ab0c0f）无描边的圆角矩形，如图5-48所示。

▶05 参考步骤（2）中的"内发光"参数，为矩形添加样式效果，如图5-49所示。

图　5-48　　　　　图　5-49

▶06 选择添加样式后的矩形，使用Ctrl+J组合键拷贝一份，删除"内发光"样式，新增"描边"样式，结果如图5-50所示。

图　5-50

▶07 绘制红色（#ab0c0f）无描边的圆角矩形，参考步骤（2）中的参数，为矩形添加"描边""内发光"样式，如图5-51所示。

▶08 设置填充色为黄色（#fae8be），描边为无，输入圆角半径值，绘制的圆角矩形如图5-52所示。

图　5-51　　　　　　图　5-52

▶09 选择椭圆选框工具，按住Shift键绘制正圆选框，如图5-53所示。

图　5-53

▶10 选择"圆角矩形"图层，单击图层面板下方的"添加图层蒙版"按钮，隐藏选区内的图形，如图5-54所示。

图　5-54

▶11 双击"圆角矩形"图层，在"图层样式"对话框中设置"投影"参数，如图5-55所示。

▶12 单击"确定"按钮，为矩形添加投影的效果如图5-56所示。

图　5-55　　　　　　图　5-56

▶13 选择"自定形状"工具，设置填充色为白色，描边为无，在形状列表中选择箭头，按住Shift键绘制箭头，如图5-57所示。

▶14 参考步骤（11）中的参数，为箭头添加投影，效果如图5-58所示。

图　5-57　　　　　　图　5-58

5.2.6　最终结果

▶01 选择矩形工具，设置填充色为无，描边为白色，输入合适的圆角半径值，在人物的下方绘制圆角矩形，如图5-59所示。

图　5-59

▶02 双击圆角矩形，打开"图层样式"对话框，设置"斜面和浮雕""等高线"以及"描边"参数，如图5-60所示。

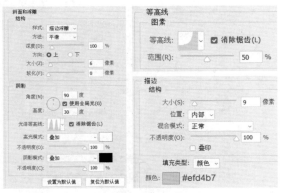

图 5-60

▶03 单击"确定"按钮，添加图层样式后，矩形显示效果如图5-61所示。

图 5-61

▶04 选择横排文字工具**T**，选择合适的字体、字号，输入白色的说明文字，如图5-62所示。

图 5-62

▶05 选择人物下方的段落文字，双击图层，在"图层样式"对话框中设置"斜面和浮雕""渐变叠加""投影"参数，如图5-63所示。

▶06 单击"确定"按钮，文字的显示效果如图5-64所示。

▶07 打开"二维码"素材，放置在页面的左下角，最终结果如图5-65所示。

图 5-63

识别二维码进直播间
直播时间:
活动期间每天 19:30--21:30

图 5-64

图 5-65

朗，没有过多花哨的装饰元素。

大标题放置在页面的左上角，传达主要信息。将多种食物图片组合在一起，丰富页面效果。日期是重要信息，放置在左侧，符合人们的阅读习惯。二维码有助于用户迅速进入直播间，应该安排在明显的位置，且尺寸不宜过小。女主播的图片去除底纹，有利于突出人物。

5.3 制作休闲食品直播界面

本例为休闲食品直播界面，风格设定为轻松活泼。人们在消遣时常常会吃些小点心、坚果、薯片等，气氛愉悦，心情快活。直播界面干净爽

5.3.1 绘制背景

▶01 启动Photoshop，执行"文件"|"新建"命令，弹出"新建文档"对话框，选择单位为像素，设置尺寸与分辨率，如图5-66所示。单击"创建"按钮，新建一个文档。

▶02 设置前景色为黄色（#f9e266），使用Alt+Delete组合键填充前景色，如图5-67所示。

▶03 选择矩形工具▢，绘制白色无描边的直角矩形，如图5-68所示。

▶04 双击矩形，弹出"图层样式"对话框，设置"投影"参数，单击"确定"按钮，为矩形添加投影，效果如图5-69所示。

图 5-66

图 5-67

图 5-68

图 5-69

▶05 打开"网格"素材,放置在矩形上方,并调整"不透明度"参数值,如图5-70所示。

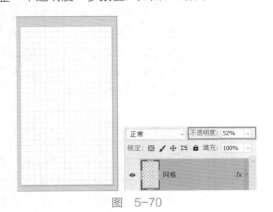

图 5-70

▶06 打开"纸纹理"素材,调整尺寸后放置在页面的上方,如图5-71所示。

图 5-71

▶07 选择在步骤(3)中绘制的白色矩形,使用Ctrl+J组合键拷贝一份,删除"投影"样式,更改矩形填充色为黑色。调整拷贝矩形的尺寸,使其与"纸纹理"素材尺寸相同,最后降低"不透明度"参数,如图5-72所示。

图 5-72

5.3.2 添加素材

▶01 打开"人物"素材,放置在页面的右下角,如图5-73所示。

图 5-73

▶02 在人物图层的下方新建一个图层,重命名为"阴影"。将前景色设置为黑色,按住Ctrl键单击人物图层的缩览图,创建选区。切换至阴影图层,使用Alt+Delete组合键填充黑色,并将阴影图层转换为智能对象。按键盘上的方向键,调整阴影的位置,如图5-74所示。

图 5-74

▶03 选择"阴影"图层,执行"滤镜"|"模糊"|"高斯模糊"命令,在"高斯模糊"对话框中设置参数,如图5-75所示。

▶04 执行"滤镜"|"模糊"|"动感模糊"命令,设置"角度""距离"参数,如图5-76所示。

▶05 修改"阴影"图层的"不透明度"参数,弱化阴影的效果，如图5-77所示。

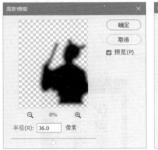 

图　5-75　　　　　　　　图　5-76

图　5-80

5.3.3　绘制大标题

▶01 选择横排文字工具 **T**，选择合适的字体与字号，颜色为黄色（#ffd200），输入文字如图5-81所示。

图　5-77

▶06 打开食品素材，调整尺寸与位置，放置在页面的左上角，如图5-78所示。

▶07 选择所有的食物图层，使用Ctrl+G组合键创建组。双击组，打开"图层样式"对话框，设置"投影"参数，如图5-79所示。

图　5-81

▶02 选择文字，使用Ctrl+J组合键拷贝一份，更改文字颜色为白色，按键盘上的方向键调整文字的位置，如图5-82所示。

图　5-82

图　5-78　　　　　　　图　5-79

▶08 为食物添加投影的效果如图5-80所示。

▶03 双击白色文字，在"图层样式"对话框中设置"描边"参数，如图5-83所示。

▶04 单击"确定"按钮，为文字添加描边的效果如图5-84所示。

图 5-83

图 5-84

▶05 选择矩形工具 ▭ ，设置填充色为黄色（#ffae00），描边为黑色，输入合适的圆角半径值，绘制圆角矩形如图5-85所示。

▶06 使用Ctrl+J组合键，拷贝在上一步骤中绘制的矩形，更改填充色为白色，描边颜色不变，并调整矩形的位置，如图5-86所示。

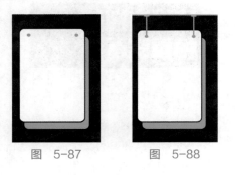

图 5-85　　　　　　　图 5-86

▶07 选择椭圆工具 ⬭ ，设置填充色为黄色（#ffae00），描边为无，绘制两个椭圆，如图5-87所示。

▶08 选择矩形工具 ▭ ，设置填充色为黄色（#ffae00），输入合适的圆角半径值，绘制无描边的矩形，如图5-88所示。

图 5-87　　　　　　　图 5-88

▶09 选择直线工具 ／ ，设置填充色为黑色，描边为无，输入合适的粗细尺寸，按住Shift键绘制直线，如图5-89所示。

▶10 选择横排文字工具 **T** ，选择合适的字体与字号，输入黑色的文字，如图5-90所示。

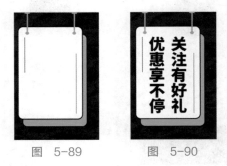

图 5-89　　　　　　　图 5-90

▶11 双击文字，在"图层样式"对话框中设置"描边""渐变叠加"样式，如图5-91所示。

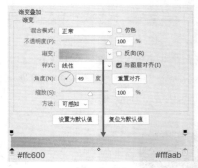

图 5-91

▶12 为文字添加样式的效果如图5-92所示。

图 5-92

5.3.4　绘制装饰元素

▶01 选择椭圆工具◯，设置填充色为渐变色，描边为无，绘制的椭圆如图5-93所示。

图　5-93

▶02 选择横排文字工具 **T**，设置合适的字体样式与尺寸，在页面中输入黑色的文字，如图5-94所示。

▶03 打开"箭头"素材，放置在页面中，如图5-95所示。

图　5-94

图　5-95

▶04 打开"二维码"素材，调整尺寸后放置在页面的左下方，如图5-96所示。

▶05 选择横排文字工具 **T**，在二维码的下方输入文字。双击文字，在打开的"图层样式"对话框中设置"描边"参数，文字的显示效果如图5-97所示。

▶06 使用Ctrl+J组合键拷贝文字，删除"描边"样式，并将文字颜色改为黑色。按键盘上的方向键，调整文字的位置，如图5-98所示。

图　5-96

图　5-97

锁定臻颜直播间

图　5-98

▶07 打开"气泡对话框"素材，放置在人物的上方，如图5-99所示。

▶08 选择横排文字工具 **T**，在气泡对话框内输入白色文字，如图5-100所示。

图　5-99

图　5-100

▶09 选择椭圆工具○,设置填充色为黑色,描边为无,按住Shift键绘制正圆,如图5-101所示。

图 5-101

▶10 选择横排文字工具**T**,在正圆上与右侧输入文字,如图5-102所示。

图 5-102

▶11 选择自定形状工具,设置填充色为无,描边为黑色,在形状列表中选择箭头►,按住Shift键绘制多个箭头形状,并且居中对齐与等距排列,如图5-103所示。

图 5-103

▶12 选择多边形工具○,设置填充色为黑色,描边为无,边数为4,星形比例为5%,按住Shift键绘制多边形,如图5-104所示。

图 5-104

▶13 重复上述操作,更改星形比例为10%,选择"平滑星形缩进"复选框,按住Shift键绘制形状,如图5-105所示。

图 5-105

▶14 选择两个"多边形"图层,使用Ctrl+E组合键合并图层。按住Alt键复制图形,并调整尺寸与位置,直播间页面的绘制结果如图5-106所示。

图 5-106

5.4 制作美妆直播预告界面

本节为美妆直播案例,风格设定为成熟甜美型。淡蓝色背景,点缀格子纹理,素雅又不失单调。人物框架选择粉红色,为的是与淡蓝色背景形成对比。人物身着白裙,佩戴粉色的头饰,背景飘浮着粉红色的气球。选择这些元素,都是为了贴近画面的风格。

大标题直接放在页面的上方,设置渐变叠加的填充效果,增加灵动性。折扣信息安排在大标题的下方，方便顾客及时获取信息。提供主播ID号，顾客输入号码后搜索即可进入直播间。

扫描左下角的二维码也能快速进入直播间。在直播界面中，除了明确告知顾客商品出售的相关信息外，提供快速进入卖场的通道也很重要。

完成主要元素的布置后，再添加辅助装饰元素，如彩带、烟花、气泡、星星等，能极好地烘托气氛。

5.4.1　绘制背景

▶01 启动Photoshop，执行"文件"|"新建"命令，打开"新建文档"对话框。单位为像素，参数设置如图5-107所示。单击"创建"按钮，新建一个文档。

图　5-107

▶02 将前景色设置为蓝色（# 6c8de5），使用Alt+Delete组合键填充前景色，如图5-108所示。
▶03 打开"底纹"素材，调整尺寸与位置，结果如图5-109所示。

图　5-108　　　　图　5-109

▶04 调整"不透明度"与"填充"值，弱化底纹的显示效果，如图5-110所示。

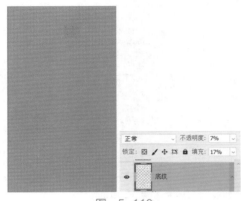

图　5-110

▶05 选择矩形工具，设置填充色为渐变色，描边为无，输入圆角半径值，绘制的圆角矩形如图5-111所示。

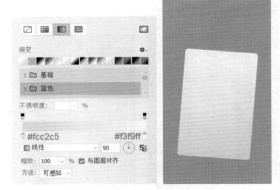

图　5-111

▶06 双击"矩形"图层，打开"图层样式"对话框，选择"描边"样式，设置各项参数，如图5-112所示。

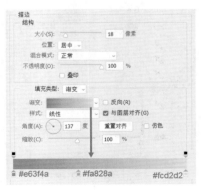

图　5-112

▷07 选择"投影"样式，参数设置如图5-113所示。

图 5-113

▷08 单击"确定"按钮，为矩形添加描边与投影效果，如图5-114所示。

▷09 选择矩形，使用Ctrl+J组合键拷贝一份。删除图层样式，更改填充颜色为白色，并且调整尺寸，如图5-115所示。

图 5-114　　　图 5-115

5.4.2　添加图形与文字素材

▷01 打开"人物"素材，放置在"矩形1拷贝"图层上方，再执行"图层"|"创建剪贴蒙版"命令，隐藏素材的多余部分，如图5-116所示。

图 5-116

▷02 单击图层面板下方的"创建新的填充或调整图层"按钮，选择"曲线"选项，创建曲线调整图层。在曲线上单击创建锚点，调整锚点的位置，增强人物素材的画面质感，如图5-117所示。

▷03 选择横排文字工具**T**，选择合适的字体与字号，输入文字如图5-118所示。

▷04 双击"美妆直播预告"文字图层，打开"图层样式"对话框，分别设置"描边""渐变叠加""投影"样式参数，如图5-119所示。

▷05 单击"确定"按钮，为文字添加样式的效果如图5-120所示。

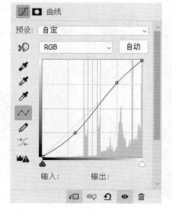

图 5-117

图 5-118

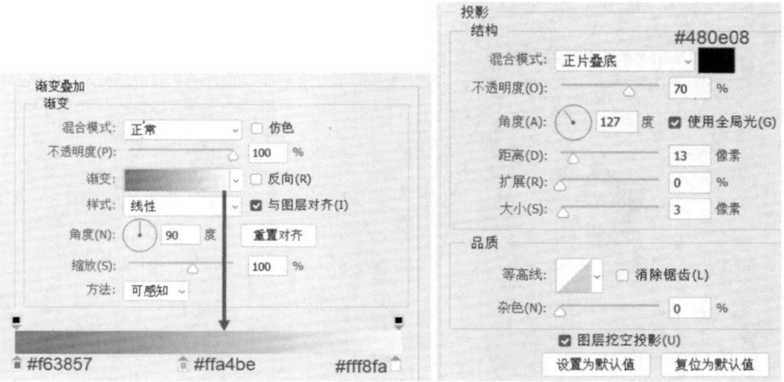

图 5-119

图 5-120

图 5-122（续）

▶06 选择自定形状工具 ✿，设置填充色为白色，描边为无，在形状列表中选择♥，按住Shift键绘制"心"形状，如图5-121所示。

图 5-121

▶07 选择矩形工具 □，设置填充色为渐变，描边为白色，自定义合适的描边大小，输入圆角半径值，在文字的下方绘制圆角矩形，如图5-122所示。

▶08 选择椭圆工具 ○，设置填充色为无，描边为白色，设置描边大小，绘制椭圆如图5-123所示。

图 5-123

▶09 单击图层面板下方的"添加图层蒙版"按钮 ▣，为椭圆添加一个图层蒙版。将前景色设置为黑色，选择画笔工具 ✐，在蒙版上涂抹椭圆，隐藏部分椭圆的效果如图5-124所示。

▶10 选择矩形工具 □，设置填充色为无，描边为蓝色（#12307d），自定义描边大小，输入圆角半径值，绘制圆角矩形如图5-125所示。

▶11 重复更改填充色为蓝色（#12307d），描边为

图 5-122

无，自定义圆角半径值，绘制圆角矩形如图5-126所示。

图 5-124

图 5-125

图 5-126

▶12 选择横排文字工具**T**，设置字体、字号与颜色，输入主播信息，如图5-127所示。

▶13 打开"放大镜"素材，调整尺寸，放置在矩形上，如图5-128所示。

图 5-127

图 5-128

▶14 打开"二维码"素材，放置在页面的左下角，如图5-129所示。

▶15 选择矩形工具▢，设置填充色为蓝色（#12307d），描边为无，绘制直角矩形，如图5-130所示。

图 5-129

图 5-130

▶16 选择横排文字工具 **T**，选择字体，自定义字号，输入白色文字，并注意文字之间的大小对比，如图5-131所示。

图 5-131

▶17 打开"箭头"素材，放置在文字的左侧，如图5-132所示。

图 5-132

▶18 新建一个图层。设置前景色为白色，选择画笔工具 ✐，选择"柔边圆"形状，在页面中涂抹，并降低图层的"不透明度"值，如图5-133所示。

图 5-133

5.4.3 最终结果

▶01 打开"金星"素材，调整尺寸，放置在人物的右下角，如图5-134所示。

图 5-134

▶02 打开"礼盒"素材，放置在金星的左侧，如图5-135所示。

▶03 新建一个图层。选择画笔工具 ✐，选择星星笔刷，在画面中绘制白色的星星，并调整星星的尺寸，如图5-136所示。

图 5-135 图 5-136

▶04 打开"彩带"素材，调整尺寸与角度，在画面中放置彩带的效果如图5-137所示。

▶05 新建一个图层。选择画笔工具 ✐，选择泡泡画笔，通过调整笔刷的大小，在画面中绘制大小不一的泡泡，如图5-138所示。

图 5-137　　　　　图 5-138

▶06 打开"烟花"素材，调整尺寸后在页面中放置，最终结果如图5-139所示。

图 5-139

5.5　课后习题

　　在这一节中，提供双11直播界面与6.18直播界面两个案例，方便用户练习。本书资源同时提供案例的源文件与相关素材，用户可以参考学习并随时调用素材。

5.5.1　绘制双11直播界面

　　本例为双11直播界面，营造欢乐喜庆的氛围，贴近"购物节"。主标题在页面上方，主播位于画面中间，展示狂欢购物的成果。页面下方安排促销广告语以及直播时间。

▶01 启动Photoshop，执行"文件"|"新建"命令，打开"新建文档"对话框，设置参数后新建一个文档。

▶02 选择渐变工具▬，设置颜色参数后填充径向渐变。

▶03 导入底纹素材，并调整图层的"不透明度"参数值。

▶04 选择椭圆工具〇，按住Shift键绘制圆形。

▶05 导入人物素材，调整尺寸与位置。

▶06 选择横排文字工具 T，输入文字。

▶07 选择矩形工具▭，绘制标签，并输入主播的名称与ID号码。

▶08 导入各种元素，调整元素的尺寸与位置。

▶09 执行"文件"|"导出"|"导出为"命令，在"导出为"对话框中设置文件格式与尺寸，导出图片如图5-140所示。

图 5-140

5.5.2　绘制6·18直播界面

　　本例为6·18直播界面，简约几何风格。醒目的主标题有利于抓住顾客的眼球，直播信息安排在人物的下方。重点提示该直播间"整点有优惠"，放大处理开播时间。

▶01 启动Photoshop，创建新文档。

▶02 设置前景色为蓝色，使用Alt+Delete组合键填充前景色。

▶03 导入底纹素材，调整尺寸与角度，放置在页面上。

▶04 使用矩形工具▢，绘制尺寸、颜色不同的矩形。

▶05 导入人物素材，放置在矩形上。

▶06 选择椭圆工具◯、多边形工具⬡，绘制圆形与星形。

▶07 选择横排文字工具T，输入标题文字与介绍文字。

▶08 导入放大镜与二维码素材，放置在合适的位置。

▶09 最后导出为图片，如图5-141所示。

图　5-141

5.6　本章小结

本章介绍各类直播间界面的绘制方法，表现效果不一，却有规律可循。首先，突出主要信息。明确需要传达的内容后，需要考虑表达方式，例如选择醒目的字体、放大字号、添加表现力较强的效果等。其次，商品或人物应该占据一定的分量，吸引顾客继续浏览页面其他重要的内容。最后，开播时间要表述清楚。有的主播会在特定的平台开播，在页面中需要明确告知顾客。

安排完毕主要信息后，可以在页面中添加一些装饰性元素，增强画面的趣味性。

第6章 绘制网页界面

网页界面能传递许多信息，包括文字、图片、音频、视频等。早期的网页主要由文字与图片构成，技术的发展与社会的需求使网页传播早已进入视听模式。登录网站，能够获取某方面的相关知识。例如，打开品牌官方网站，能浏览该品牌的信息，包括最新动态、产品发布、企业文化等。个人也能建立网页，通过网页来介绍自己，与他人在线交流。

本章介绍网页界面的绘制方法。

6.1 网页界面设计基础

与APP界面相比，网页界面包含的内容更多，如LOGO、信息展示、用户反馈、服务项目等。网页应该具备的属性包括信息展示清晰、功能齐全、画面美观大方、操作简便等。

6.1.1 网页界面的设计原则

1. 清楚展示信息

用户登录网站后，首先进入网站的首页。首页的信息应该清晰明了，以便用户能一目了然地看到该页面所提供的一系列功能。

2. 操作简便

用户在网页中选择某项功能，会打开链接页面，并提示用户接下来的操作步骤。应该在一个页面中完成所有的操作，避免让用户无休止地打开页面，引起用户产生反感情绪。

3. 集中用户注意力

网页的频繁刷新或跳转会打断用户的注意力，合理地运用覆盖层、嵌入层或者虚拟页面、流程处理等方法，保持用户的注意力，使其专注于某项操作。

4. 风格统一

从网站的主页出发，用户能打开多个链接页面。这些链接页面应与主页风格保持一致，如导航栏设计、文字样式与字号大小、操作设计等。如果每个页面的编排都自成一派，会给用户造成认知上的混乱。有的网站在统一中又富有变化，就是在不同的板块中使用不同的风格，最终归结为一个整体。

5. 提供交流渠道

如果网页只是一味地对用户灌输信息，时间一长用户就会产生认知疲劳，引起大脑的懈怠，吸收信息的能力就会下降。在网页中对用户发出邀请，如参与评价、在线编辑、共同创建工作小组等人机交互的形式，让用户产生新鲜感，保持大脑活力，愉快地接收信息。

6. 反应迅速

网页的搜索栏方便用户有目的地搜索信息。当用户输入信息时，系统快速识别信息并立即作出反应，显示与输入信息相关的词条，帮助用户完成检索。

6.1.2 网页界面的设计流程

网页设计的流程如图6-1所示。

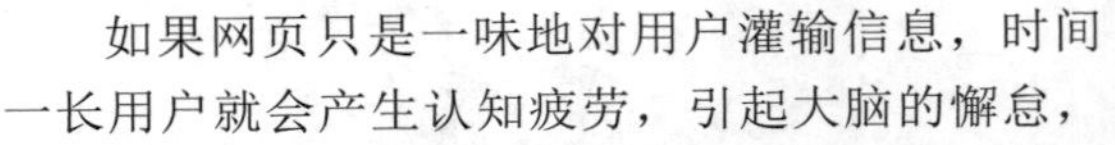

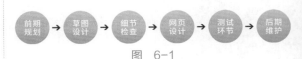

前期规划 → 草图设计 → 细节检查 → 网页设计 → 测试环节 → 后期维护

图 6-1

1. 前期规划

无论是个人网站还是品牌网站，都具有独特的属性。设计师或者开发人员应深入了解用户需求，分析产品特征，调查同类产品的相关信息，最终确定设计风格。

2. 草图设计

确定设计风格后，开始绘制设计草图。设计师需要绘制大量的草图，并实时与用户进行交流并改进，反复推敲后初步定稿。

3. 细节检查

检查设计草图，注意观察细节，发现错误及时更改。

4. 网页设计

利用绘图软件将草图转换为网页界面，在这期间可以添加图片、输入文字信息，进行图文混排，制作操作按钮。该阶段的设计图就是最终与用户见面的网页。

5. 测试环节

邀请用户参与网页使用的测试，设计师与开发人员记录用户反馈，及时修改或调整，并最终上线与更广泛的用户见面。

6. 后期维护

随着用户数量的不断增加，用户的评价也越来越多。设计师与开发人员通过甄别，提取有效信息，对网页进行升级改版，发布更高版本的网页来满足用户的使用要求。

6.1.3 网页界面的类型

网页界面的类型有首页、列表页、详情页、专题页、控制台页、表单页等。

1. 首页

用户登录网站后见到的首个页面为首页，或称主页，如图6-2所示。首页是网站的门户，展示主要信息，包括商品图片、商品信息、搜索栏、登录/注册入口以及最新动态消息等。

图 6-2

2. 列表页

在列表中，通过归纳整理信息，方便用户快速识别并定位某类信息。有的信息为文字描述，有的信息为图文结合，如图6-3所示。无论选择哪类方式，归根结底是要具备高度的可阅读性和极强的可操作性。

3. 详情页

在详情页中，以图片+文字的方式展示商品信息，如图6-4所示。在商品预览窗口中，滚动显示商品的细节图片。此外，商品名称、属性、价格、用户反馈、销售量等信息使得用户从多方面了解商品，或者产生购买欲，或者直接关闭页面。

图 6-3   图 6-4

4. 专题页

专题页以某个主题为主要内容，制作页面传达信息，吸引用户，如图6-5所示。最常见的专题页有节日专题、购物专题、饮食专题、风俗习惯专题等。

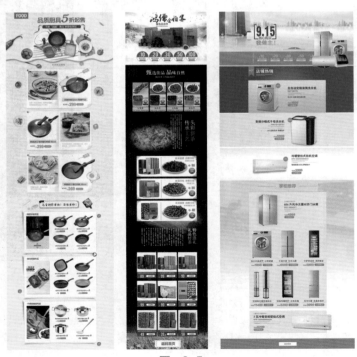

图 6-5

5. 控制台页

控制台页包含大量信息，包括图形、文字、数据等，如图6-6所示。设计师需要将众多的信息条理清晰地编排在页面中，使得用户进入页面后能快速识别信息，并获取所需内容。

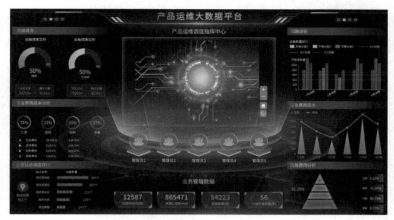

图　6-6

6. 表单页

用户在表单页中执行录入数据的操作，如登录网站、注册账号、填写地址电话、参与评论、发表建议等，如图6-7所示。编排合理的表单页方便用户准确地输入信息，当数据输入的格式不正确时，系统能及时提示，并提供正确格式供用户参考。

图　6-7

6.2　APP界面与网页界面的异同

APP界面与网页界面由于应用的设备不同，所以在设计界面时，需要根据屏幕尺寸、操作习惯等来编排信息。本节介绍APP界面与网页界面的异同。

6.2.1　尺寸差异

网页界面与APP界面相比，尺寸更大。利用鼠标点击，可以打开链接页面，查看各种各样的信息，如图6-8所示。APP界面尺寸较小，用户为了获取更多的信息，需要频繁地翻页、上下滑动。为了方便用户操作，APP界面上的控件需要放置在醒目的位置，如图6-9所示，如搜索栏、导航、按钮等。

图 6-8　　　　　图 6-9

6.2.2　习惯差异

用户通过单击来操作网页，如开、关、缩小、放大、选择内容、打开对话框（如图6-10所示）等。鼠标能灵活地在页面上点击，帮助用户精准定位需要查阅的内容。

图 6-10

用户单手执手机，通常只利用大拇指与食指来操作，如图6-11所示。在编排信息时，需要考虑用户的操作习惯。将主要控件放置在用户的操作范围之内，满足用户单手操作的需求。

图 6-11

6.2.3　精准度差异

回忆一下我们操作网页的习惯，单击按钮弹出下拉列表，利用鼠标可以在列表中选择需要查询的内容，如图6-12所示。网页空间能够容纳多个填满内容的列表，再借助鼠标就能精准地点击目标内容。

图 6-12

但是手机不同。由于屏幕空间的约束，使得用户在选择内容或者点击按钮时都会受到限制。一不留神就可能多选或少选，也会发生点错按钮的情况。这就需要设计师不断测试与模拟用户的操作习惯，在有限的空间里寻求一个最佳尺度，为用户提供良好的操作体验，如图6-13所示。

图 6-13

6.2.4　按钮位置

因为可以借助鼠标来操作网页，即使按钮放置在页面的角落，用户通过滑动鼠标来点击也可以轻松进入下一个页面。如在主页中单击"注册"按钮，随即打开注册页面，如图6-14所示。

但是手机不行。用户通常利用拇指与食指操作页面，所以按钮的位置大多数放置在页面下方，满足用户单手点击的需求。如用户通过在底部导航点击图标，如图6-15所示，可以打开另一个页面，执行其他操作。

图 6-14

图 6-15

图 6-16

图 6-17

6.2.5 按钮类型

打开网页，可以在右上角看到三个按钮，即最小化、向下还原以及关闭按钮。单击这三个按钮，可以调整网页的大小或直接关闭，如图6-16所示。此外，还有许多类型的按钮被放置在网页中，如图6-17所示，帮助用户完成各种操作。

手机受屏幕空间限制，无法像网页一般提供五花八门的按钮满足各种需求。这就需要设计师斟酌按钮的类型，增强按钮的指向性，如图6-18所示，保证用户通过较少的点击或翻页来达到目的。

图 6-18

（#fe5f1d），描边为无，绘制直角矩形，如图 6-20所示。

图 6-19　　　　图 6-20

6.3 制作音乐网站主页

本节案例为音乐网站主页，清新典雅风格。网站标志放置在页面的左上角，明确表明网站的归属。主标题放置在页面的左上角，醒目且符合阅读习惯。人物置于右侧，填补页面空间，烘托页面氛围。

歌曲类型窗口放置在人物下方，等距排列，视觉上齐整通透。用户点击窗口即可进入歌曲列表，开启听歌模式。

用户也可以在搜索栏里输入歌曲名称，点击"放大镜"按钮即可进入搜索页面。或者在下方的歌曲列表中选择并单击，也能进入指定类型歌曲的页面。

提供网站精选推荐歌单，用户一键直达歌曲列表，选择自己喜爱的歌曲。此外，在页面的下方标注网站的版权信息、联系方式以及其他相关说明。

6.3.1 绘制背景

▶01 启动Phtoshop，执行"文件"|"新建"命令，在弹出的"新建文档"对话框中设置参数，如图6-19所示。单击"创建"按钮，新建一个文档。

▶02 选择矩形工具▭，设置填充色为橙色

▶03 选择第二个矩形，在图层面板中修改"不透明度"值，效果如图6-21所示。

▶04 重复使用矩形工具▭，设置圆角半径值，绘制黑色圆角矩形，如图6-22所示。

图 6-21　　　　图 6-22

▶05 双击"矩形"图层，打开"图层样式"对话框，设置"投影"参数，如图6-23所示。

▶06 单击"确定"按钮，为黑色矩形添加投影的效果如图6-24所示。

▶07 设置填充色为红色（#fe0000），输入圆角半径值，绘制圆角矩形如图6-25所示。

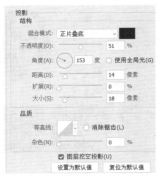

图 6-23

图 6-24

图 6-25

6.3.2 添加素材

▶01 打开"听歌女孩"素材，放置在页面的右上角，注意调整图层之间的遮挡关系，效果如图6-26所示。

图 6-26

▶02 打开"校服的裙摆"素材，放置在左侧第一

个黑色矩形上，如图6-27所示。

图 6-27

▶03 选择图片，执行"图层"|"创建剪贴蒙版"命令，隐藏图片多余的部分，效果如图6-28所示。

图 6-28

▶04 重复上述操作，继续载入素材，并通过创建剪贴蒙版来编辑素材，如图6-29所示。

图 6-29

▶05 使用矩形工具□，绘制红色（#fe0000）无描边的圆角矩形，如图6-30所示。

图 6-30

▶06 继续使用矩形工具□，设置填充色为渐变，左上角、左下角为直角，右上角与右下角为圆角的无描边矩形，如图6-31所示。

图 6-31

▶07 选择绘制完毕的矩形，按住Alt键向右移动复制，如图6-32所示。

图 6-32

▶08 打开"图标.psd"文件，选择播放图标，移动至当前页面，并调整尺寸与位置，如图6-33所示。

▶09 使用矩形工具□，绘制黑色无描边的圆角矩形，如图6-34所示。

图 6-33

图 6-34

▶10 双击"矩形"图层，打开"图层样式"对话框，设置"投影"参数，单击"确定"按钮，效果如图6-35所示。

提示 为了清楚地显示矩形的位置，将矩形的颜色设置为黑色。在添加投影后，需要将矩形的颜色更改为白色。

图 6-35

图 6-35（续）

▶️**11** 从"图标.psd"文件中选择放大镜图标，放置在矩形的右侧，如图6-36所示。

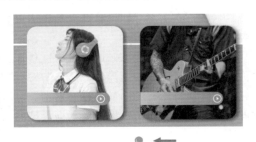

图 6-36

▶️**12** 使用矩形工具 ▢，绘制黑色无描边的直角矩形，如图6-37所示。

▶️**13** 打开图片素材，放置在矩形上，并创建剪贴蒙版，如图6-38所示。

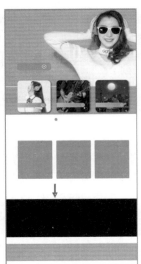

图 6-37　　　　　图 6-38

▶️**14** 使用矩形工具 ▢，绘制红色（#fe0000）无描边的圆角矩形，如图6-39所示。

▶️**15** 从"图标.psd"文件中选择播放图标，放置

在图片的合适位置，并分别修改颜色，如图6-40所示。

图 6-39

图 6-40

6.3.3　输入文字

▶️**01** 选择横排文字工具 **T**，选择合适的字体与字号，输入白色的文字，如图6-41所示。

图 6-41

▶️**02** 双击"文字"图层，在"图层样式"对话框中设置"投影"参数，为文字添加投影，效果如图6-42所示。

图 6-42

▶03 重复使用横排文字工具**T**，输入其他文字，结果如图6-43所示。

▶04 打开"标志"素材，将其放置在页面的左上角，最终效果如图6-44所示。

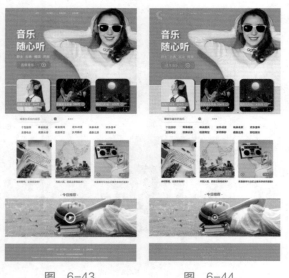

图 6-43　　　　　图 6-44

6.4　制作网上商城首页

本节案例为网上商城首页，简约时尚风格。用户登录网站后，可以开始浏览网站内容，也可以登录或注册账号。需要注意的是，许多网站都需要注册账号，成为用户后方可网上购物。

主打商品放置在banner中，引导用户消费。各种商品按类型排列，方便用户选购。商品信息的传达遵循图片+文字的方式，以商品图片为主，文字信息为辅，点击图片即可打开商品详情页面，继续浏览商品信息。

如果商品有折扣优惠，可以将原价与打折后的价格同时标示，以便用户对比后选购。页面空间有限，无法将所有的商品都逐一展示。可以添加链接按钮，用户单击链接后进入同类型商品页面，享受便捷购物。

6.4.1　绘制背景

▶01 启动Photoshop，执行"文件"|"新建"命令，打开"新建文档"对话框，设置宽度、高度以及分辨率参数，其他保持默认值，如图6-45所示。单击"创建"按钮，新建一个文档。

▶02 将前景色设置为灰色（#f5f5f5），使用Alt+Delete组合键填充前景色。

▶03 选择矩形工具▢，分别绘制白色与深灰色（#2d2e30）的直角矩形，如图6-46所示。

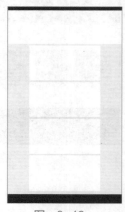

图 6-45　　　　　图 6-46

▶04 双击白色矩形所在的图层，打开"图层样式"对话框，设置"投影"参数。单击"确定"按钮，为矩形添加投影，结果如图6-47所示。

图 6-47

6.4.2 添加图形与文字素材

▶01 打开"布艺靠椅沙发"素材，放置在矩形上，执行"图层"|"创建剪贴蒙版"命令，隐藏图片的多余部分，如图6-48所示。

图 6-48

▶02 选择矩形工具▢，设置填充色为灰蓝色（#44525e），描边为无，输入圆角半径值，绘制矩形如图6-49所示。

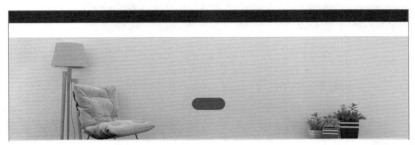

图 6-49

▶03 继续使用矩形工具▢，设置填充色为无，描边为灰蓝色（#44525e），输入圆角半径值，绘制圆角矩形的结果如图6-50所示。

图　6-50

▶️04 选择横排文字工具 **T**，选择合适的字体与字号，输入文字如图6-51所示。

图　6-51

▶️05 选择矩形工具▢，设置填充色为灰色（#7d7d7d），描边为无，输入圆角半径值，绘制矩形如图6-52所示。

图　6-52

▶️06 打开图片素材，将其放置在矩形上，并创建剪贴蒙版，隐藏图片的多余部分，操作结果如图6-53所示。

▶️07 在图片的下方绘制一个白色无描边矩形，双击矩形，在"图层样式"对话框中设置"投影"参数，如图6-54所示。

▶️08 为矩形添加投影的效果如图6-55所示。

图　6-53

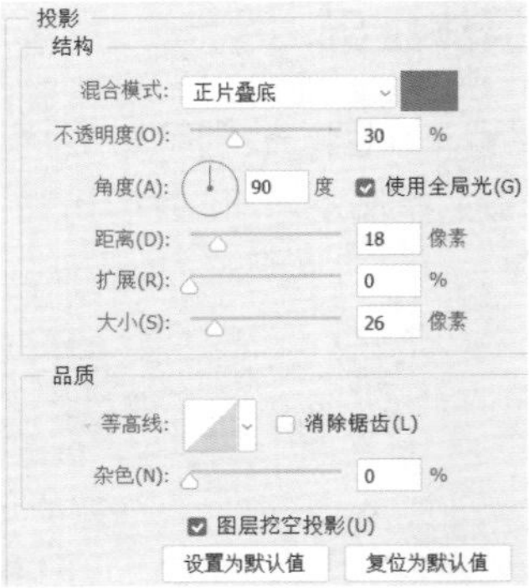

图 6-54

图 6-55

▶09 绘制填充色为蓝色（#44525e），描边为无的圆角矩形。按住Alt键，向右移动复制矩形，如图6-56所示。

▶10 更改填充色为无，描边为蓝色（#44525e），设置圆角半径值，绘制矩形如图6-57所示。

图 6-56

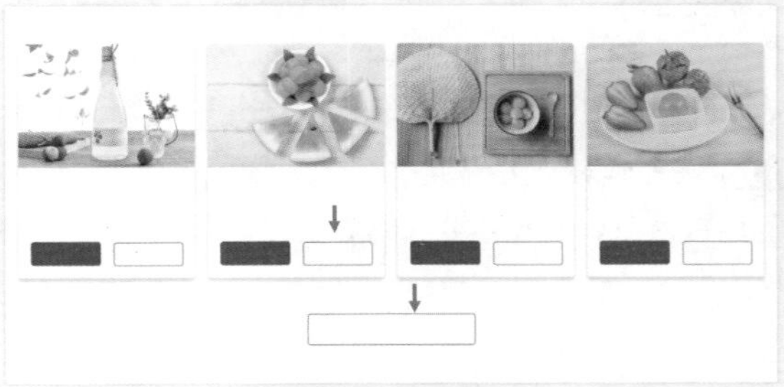

图 6-57

▶11 选择横排文字工具**T**，选择合适的字体，设置字号，根据需要选择颜色，输入文字后再进行对齐，结果如图6-58所示。

▶12 选择椭圆工具◯，设置填充色为无，描边为灰色（#999999），按住Shift键绘制正圆，如图6-59所示。

▶13 选择钢笔工具✐，设置填充色为无，描边为灰色（#999999），在正圆内绘制箭头，如图6-60所示。

图 6-58

图 6-59　　　　　图 6-60

▶14 选择绘制完毕的图形，向左移动复制，并水平翻转放下，操作结果如图6-61所示。

图 6-61

6.4.3 最终结果

▶01 使用矩形工具 ▭，分别绘制矩形，并为白色矩形添加投影，绘制效果如图6-62所示。

图 6-62

▶02 添加图片后输入文字，排版的结果如图6-63所示。

▶03 将下一个专栏命名为"闪亮珠宝"，绘制矩形后调入图片，最后输入商品名称与介绍文字、价格信息，编辑结果如图6-64所示。

图 6-63

图 6-64

▶04 将最后一个专栏命名为"妈咪宝贝",选择合适的图片,调整图片的尺寸与位置,输入相关的文字信息,绘制结果如图6-65所示。

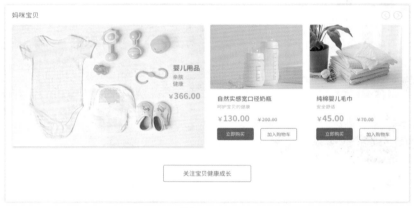

图 6-65

▶05 在网页的下方输入版权信息,如图6-66所示。

图 6-66

▶06 打开"标志"素材，放置在网页的上方，并在标志的右侧输入商城名称，结果如图6-67所示。

图　6-67

▶07 网上商城首页的绘制结果如图6-68所示。

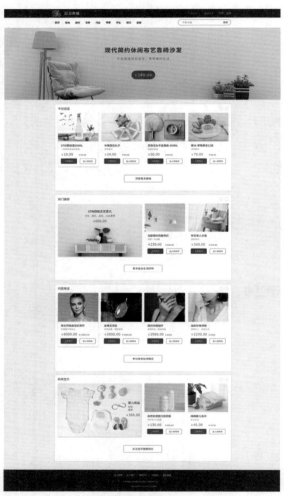

图　6-68

6.5　制作餐厅网站首页

本节案例为餐厅网站首页，素净婉约风格。在页面上方的导航栏中，顾客可以选择需要浏览的信息。为了突出菜品，banner底色为黑色。菜品放置在左侧，与右侧的文字对称排列。

图片的编排方式突破常规的横平竖直，而是灵活布置，与文字信息相映成趣。如果顾客想要了解更详细的资料，可以点击链接按钮打开另一个介绍页面。

在首页中介绍主打菜品以及经营理念，目的是向顾客展示企业形象，建立顾客好感，进而拥有更多忠实顾客。为方便顾客到店用餐提供专属免费停车位，可以在页面中告知顾客。此外，根据提供的联系方式，顾客能够网上预订餐食，送货到家。

6.5.1　绘制背景

▶01 启动Photoshop，执行"文件"|"新建"命令，弹出"新建文档"对话框，参数设置如图6-69所示。单击"创建"按钮，创建一个空白文档。

图　6-69

▶02 选择矩形工具，分别绘制黑色与深灰色（#282828）的直角矩形，如图6-70所示。

▶03 更改填充色为橘色（#ed4444），设置尺寸，继续绘制直角矩形，如图6-71所示。

▶04 绘制一个白色的无描边直角矩形，双击矩形图层，在"图层样式"对话框中设置"投影"参数，为矩形添加投影的效果如图6-72所示。

▶05 复制在上一步骤中绘制的矩形，向内缩小。删除"投影"样式，新增"描边"样式，参数设置与绘制效果如图6-73所示。

图　6-70　　　　　图　6-71

图　6-72

图　6-73

6.5.2　绘制栏目内容

▶01 打开"日本料理"素材，放置在黑色矩形的左侧，并调整尺寸，如图6-74所示。

▶02 选择横排文字工具 **T**，选择合适的字体与字号，输入黑色、白色与橘色（#ed4444）的文字，如图6-75所示。

▶03 选择矩形工具 □，在"菜色一览"文字的上方绘制黑色的直角矩形，如图6-76所示。

▶04 更改填充色为白色，在"菜色一览"文字的下方绘制白色矩形，并在图层面板中更改矩形的不透明度为45%，如图6-77所示。

▶05 绘制白色矩形，作为分隔线，如图6-78所示。

图　6-74

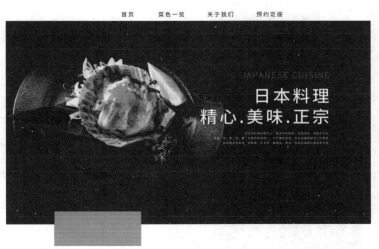

图　6-75

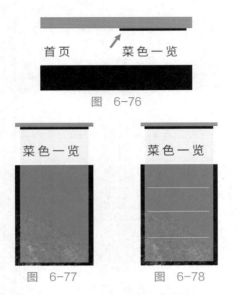

首页　　　　菜色一览

图 6-76

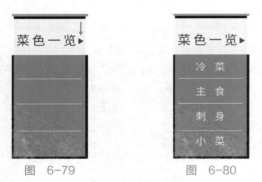

图 6-77　　　　　　图 6-78

▶06 选择多边形工具◯，设置填充色为深红色（#5f0000），边数为3，按住Shift键绘制正三角形，如图6-79所示。

▶07 使用横排文字工具**T**，输入菜色名称，如图6-80所示。

图 6-79　　　　　　图 6-80

▶08 选择矩形工具▢，设置填充色为无，描边为白色，设置描边大小，输入圆角半径值，绘制矩形如图6-81所示。

图 6-81

▶09 使用横排文字工具**T**，在矩形内输入"查看更多"文字，并居中对齐，如图6-82所示。

图 6-82

▶10 选择椭圆工具◯，设置填充色为无，描边为白色，设置描边大小，按住Shift键绘制正圆，如图6-83所示。

图 6-83

▶11 选择钢笔工具✒，设置填充色为无，描边为白色，输入描边大小，在正圆内绘制箭头，如图6-84所示。

图 6-84

📢提示　　　也可以使用横排文字工具**T**，在正圆内输入箭头">"。

▶12 选择绘制完毕的正圆和箭头，按住Alt键向左移动复制。同时选择两个图形，使用Ctrl+T组合键进入变换模式，在图形上右击，在弹出的快捷菜单中选择"水平翻转"选项，调整图形的方向，如图6-85所示。

图　6-85

▶13 打开"天妇罗"素材，放置在橘色矩形上，如图6-86所示。

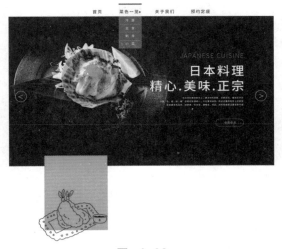

图　6-86

▶14 双击"天妇罗"图层，在"图层样式"对话框中添加"颜色叠加"样式。再执行"图层"|"创建剪贴蒙版"命令，隐藏素材的多余部分，如图6-87所示。

图　6-87

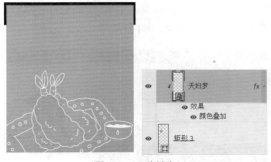

图　6-87（续）

▶15 更改素材的不透明度，弱化表现效果，如图6-88所示。

图　6-88

▶16 使用横排文字工具 **T**，选择合适的字体，设置字号与颜色，输入介绍文字，如图6-89所示。

图　6-89

▶17 使用矩形工具 □，分别绘制橘色（#ed4444）与黑色的矩形，如图6-90所示。

品牌故事
Brand Story

日本料理，通常为一碗饭，以及一碗汤；例如传统的日本早餐，通常是味噌汤，米饭，和一碟酱菜。而最常见的料理叫做"三菜餐"（日本语：一汁三菜/いちじゅうさんさい）——汤，米饭，和三碟用不同煮法煮出来的菜。这三碟菜通常是一碟生鱼片，一碟烤菜，和一碟水煮菜，有时则是蒸菜，炸菜，腌菜，或是淋上酱料的菜。"三菜餐"往往会另外附上酱菜以及绿茶。一种很受欢迎的酱菜是梅干。

25	**100**	**1000**
品牌成立25年	全国100家门店	超过15000名员工

图　6-90

▶18 打开"米饭"素材，放置在文字的右侧，调整角度与尺寸，如图6-91所示。

图 6-91

6.5.3 最终结果

▶01 打开"手握寿司"素材，放置在矩形上，并创建剪贴蒙版隐藏素材的多余部分，最后更改图层的不透明度为23%，如图6-92所示。

图 6-92

▶02 使用椭圆工具⬭，绘制填充色为无，描边为白色的正圆。再利用多边形工具⬠，绘制填充色为无，白色描边的正三角形，播放图标的绘制结果如图6-93所示。

▶03 选择横排文字工具 T，选择合适的字体，分别设置字号与颜色，输入食材的介绍文字，如图6-94

所示。

图 6-93

图 6-94

▶04 使用矩形工具▭，设置填充色为橘色（#ed4444），描边为无，在文字的右侧绘制矩形，如图6-95所示。

图 6-95

▶05 选择直接选择工具 ▶，单击矩形，此时可以观察矩形的四个锚点。切换至钢笔工具 ⌀，在右侧垂直边的中点单击添加一个锚点，如图6-96所示。

▶06 切换回直接选择工具 ▶，单击新增锚点，向右拖曳，如图6-97所示。

▶07 选择转换点工具 ▶，单击拖曳后的锚点，将其转换为直角，如图6-98所示。

▶08 切换至横排文字工具 T，在矩形上输入引导文字"更多美味"，如图6-99所示。

▶09 打开"花""刺身"素材，分别放置在左上角与右下角，如图6-100所示。

图　6-96

图　6-97

图　6-98

图　6-99

图　6-100

▶10 在刺身素材的下方新建一个图层，重命名为"阴影"。将前景色设置为黑色，选择画笔工具

使用柔边圆画笔涂抹，并更改图层的不透明度为53%，效果如图6-101所示。

图　6-101

▶11 继续打开素材，调整尺寸后放置在合适的位置，如图6-102所示。

图　6-102

▶12 选择横排文字工具 **T**，选择合适的字体与字号，输入标题文字与详细介绍文字，如图6-103所示。

图　6-103

▶**13** 在"刺身"介绍文字的下方绘制一个橘色（#ed4444）矩形，并在矩形的上方输入"查看更多"，效果如图6-104所示。

刺身

刺身

图 6-104

▶**14** 打开"手机地图""面"素材，放置在合适的位置，如图6-105所示。

图 6-105

▶**15** 使用横排文字工具**T**，输入说明文字、电话、地址等信息，如图6-106所示。

▶**16** 打开"图标.psd"文件，将标注与图标放置在导航栏的两侧，如图6-107所示。

▶**17** 餐厅网站首页的绘制结果如图6-108所示。

图 6-106

图 6-107

图 6-108

6.6 制作设计机构网站首页

本节案例为设计机构网站首页，活泼干练风格。为了在banner中明确表达文字信息，在原本明亮的图片上涂抹灰色，既不影响文字表达，也不妨碍图片美观。

业务类型排列在banner的下方，图标+文字，图像化表达与文字信息相结合。公司理念有助于营造一个良好形象，需要明确向顾客传达。

作品具有极大的说服力，在页面的下方提供案例链接。顾客点击链接按钮打开新页面，即可观看已往的案例。观看完毕后，针对具体的问题再与公司进一步交流。

6.6.1 绘制背景

▶01 启动Photoshop，执行"文件"|"新建"命令，在弹出的"新建文档"对话框中设置尺寸、分辨率参数，如图6-109所示，其他选项保持默认值。单击"创建"按钮，新建一个文档。

▶02 选择矩形工具▭，设置描边色为无，分别绘制淡褐色（#d7ccbe）、黄色（#f9bd05）、灰色（#222222）与蓝色（#6c74a8）的直角矩形，如图6-110所示。

图 6-109

▶03 打开"工作"素材，放置在矩形的右侧，如图6-111所示。

▶04 在素材上方新建一个图层，重命名为"覆盖"。将前景色更改为淡褐色（#d7ccbe），切换至画笔工具 ✎，选择柔边圆工具在图片的左侧涂抹，如图6-112所示。

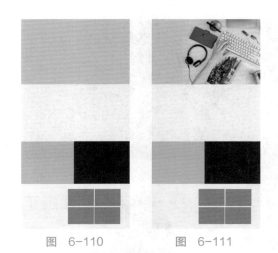

图 6-110　　　　图 6-111

图 6-112

▶05 重新将"矩形"图层打开，涂抹后素材与矩形能很好地融合在一起，如图6-113所示。

图 6-113

提示 为了展示涂抹效果，暂时将素材下方的"矩形"图层关闭。

▶06 复制"矩形"图层，置于顶层，并将矩形的颜色更改为黑色，如图6-114所示。

▶07 将"矩形"图层的不透明度更改为40%，方便展示图片，效果如图6-115所示。

图 6-114

图 6-115

6.6.2 添加素材

▶01 选择矩形工具▢，设置填充色为深蓝色（＃0c151b），描边为无，绘制直角矩形，如图6-116所示。

▶02 使用横排文字工具**T**，选择合适的字体和字号，颜色为白色，输入标题文字与介绍信息，如

图6-117所示。

▶03 打开"标志"素材，放置在页面的左上角。

▶04 打开"图标.psd"文件，选择图标，放置在页面的右上角，如图6-118所示。

▶05 打开"办公"素材，放置在合适的位置，并调整尺寸，如图6-119所示。

▶06 选择横排文字工具**T**，选择合适的字体与字号，设置合适的颜色，输入说明文字，如图6-120所示。

图 6-116

图 6-117

图 6-118

图 6-119

图 6-120

▶07 在"图标.psd"文件中选择图标，放置在文字的左侧，如图6-121所示。

图　6-121

▶08 使用矩形工具▢，绘制一个白色的无描边矩形，如图6-122所示。

图　6-122

▶09 使用横排文字工具**T**，设置合适的字体与字号，输入黑色的标题文字与白色的说明文字，如图6-123所示。

图　6-123

▶10 使用椭圆工具，绘制无填充色的黑色描边正圆。切换至横排文字工具**T**，在正圆内输入箭头符号。

▶11 选择在上一步骤中绘制完毕的正圆与箭头，按住Alt键创建副本。使用Ctrl+T组合键进入变换

模式，右击，在弹出的快捷菜单中选择"水平翻转"选项，调整效果如图6-124所示。

图　6-124

▶12 同时选择右侧的"椭圆"与"箭头"图层，使用Ctrl+E组合键合并图层。双击图层，在"图层样式"对话框中添加"颜色叠加"样式，单击"确定"按钮，效果如图6-125所示。

图　6-125

▶13 在"图标.psd"文件中选择图标，左对齐放置在文字的左侧，效果如图6-126所示。

图　6-126

▶14 选择"工作"素材，使用Ctrl+J组合键拷贝一份，重命名为"工作副本"，放置在矩形的上方，并调整素材的尺寸，如图6-127所示。

图 6-127

▶15 选择素材，执行"图层"|"创建剪贴蒙版"命令，隐藏素材的多余部分，如图6-128所示。

图 6-128

▶16 重复上述操作，先拷贝"工作"素材，再移动至矩形上，最后创建剪贴蒙版，效果如图6-129所示。

图 6-129

提示　创建剪贴蒙版后，仍然可以移动素材的位置、调整素材的尺寸，直至满意为止。

▶17 使用横排文字工具**T**，选择合适的字体与字号、标题文字与介绍文字，如图6-130所示。

图 6-130

▶18 使用矩形工具▢，设置填充色为黄色（#f9bd05），描边为无，输入圆角半径值，绘制矩形如图6-131所示。

▶19 使用横排文字工具**T**，在矩形上输入文字，如图6-132所示。

图 6-131　　　　图 6-132

▶20 设计机构网站首页的绘制结果如图6-133所示。

图 6-133

6.7 课后习题

在本节中，提供北欧家居网站首页与旅游网站首页两个案例。请用户根据本章所学习的内容，自行完成这两个案例的制作。

6.7.1 绘制北欧家居网站首页

本例介绍北欧家居网站首页的绘制，灵活地布置图片，穿插说明文字，编排一个简约又包含细节的网页。主要使用矩形工具、横排文字工具以及椭圆工具等。

▶01 启动Photoshop，执行"新建"|"文件"命令，新建一个文档。

▶02 绘制矩形，并为矩形添加图层样式。添加素材图片，调整尺寸与位置。

▶03 选择合适的字体、字号，设置符合表现需要的颜色，在图片的一侧输入介绍文字。

▶04 使用矩形工具□与横排文字工具T，绘制矩形与文字，组成引导按钮，丰富网页的画面效果。

▶05 执行"文件"|"导出"|"导出为"命令，在"导出为"对话框中设置文件的格式与尺寸等相关参数，单击"导出"按钮即可输出图片，结果如图6-134所示。

6.7.2 绘制旅游网站首页

本节介绍旅游网站首页的绘制，以精品旅游路线为主题，选择景区图片，辅以简单的介绍文字，点击链接按钮，可以获取更多信息。此外，还能浏览旅行攻略，查看经典旅游路线，与旅游达人在线交流。

▶01 启动Photoshop，执行"新建"|"文件"命令，创建一个文档。

▶02 创建参考线划分区域，并绘制尺寸合适的矩形。导入素材图片，置于矩形上，创建剪贴蒙版，隐藏图片多余部分。

▶03 选择合适的字体、字号与颜色，输入标题文字与说明文字，并对文字进行排版，使之条理清晰、方便阅读。

▶04 绘制小元素，增强网页趣味性与可读性。

▶05 执行"文件"|"导出"|"导出为"命令，将文档导出为图片，如图6-135所示。

图 6-134　　　　图 6-135

6.8 本章总结

本章介绍网页界面的绘制。网页界面的首页通常不提供详尽的项目内容或信息，需要用户进入链接页面去阅读详细内容。网页的整体风格影响用户的浏览感受，用户可能会继续阅读更多的链接页面，或者直接退出网站。主次信息明确、项目编排合理，不仅有助于展示企业信息，也能给予用户良好的阅读体验。多多参考借鉴优秀的网页界面，有助于提高审美层次，增强设计能力。

玩游戏是人们消遣或休息的项目之一。现如今，各类游戏早已铺天盖地渗入大众的日常生活。家庭网络与公共网络越来越便利，更有利于用户随时随地玩游戏。本章介绍游戏界面如何设计、绘制、输出的操作方法。

7.1 游戏界面设计基础

游戏界面设计的基础知识包括游戏界面的概念、设计流程以及设计原则，以下分别进行介绍。

7.1.1 游戏界面的概念

游戏界面用来展示游戏画面内容，与设计其他类型的界面相同，设计师需要将必要的信息编排在界面上，不同的游戏界面内容也不相同。通过合理地布置图形、文字以及按钮，引导玩家进行操作。界面中逼真的场景、灵动活泼的角色以及动感十足的背景音乐，都能让玩家有身临其境的感觉。

7.1.2 游戏界面的设计流程

游戏界面的设计流程如图7-1所示。

图 7-1

1. 市场调查

游戏的定位与类型、用户的需求决定了游戏界面的设计风格。设计师需要从游戏本身出发，

了解目标用户，分析市场上同类产品的相关信息，制定初步计划。

2. 草图设计

草图能快速地实现构想中的方案。利用草图绘制初步方案，设计师在此基础上反复推敲，不断修改，得到初稿。

3. 细节检查

在初稿的基础上继续检查，尤其是细节部分。精致的画面让人爱不释手，心情愉悦，提升用户体验感。

4. 软件绘制

细节检查结束后，就可以在计算机上使用软件绘制界面。绘图软件，如Photoshop拥有强大的图形处理能力，可以帮助设计师绘制栩栩如生的界面。

5. 测试改进

游戏界面进入测试阶段，邀请资深用户参与测试。开发人员与用户共同探讨存在的漏洞或瑕疵，并加以改进。

6. 升级改版

每隔一个阶段，开发人员针对接收到的用户反馈，对游戏界面进行升级改版，并及时发布最新版本，供用户下载使用。

7.1.3 游戏界面的设计原则

遵循或参考设计原则，能帮助设计师更好地思考设计方向，确定构图方式，编排各种元素，制作完美界面。

1. 操作方便

编排合理的游戏界面方便用户操作，帮助用户快速定位目标，容易获得满足感。

2. 统一视觉效果

一款游戏由多个界面组成，如欢迎页、首页、闯关页、道具页、商店页等。这些界面具备不同的功能，满足用户在游戏中的各种需要。所以在设计界面时，要通盘考虑所有界面呈现的视觉效果。在统一中寻求变化，既融为一体，又丰富多彩，如图7-2所示。

图 7-2

3. 高保真

虽然利用手机进行游戏最为方便，但是大屏幕更让人有身临其境的感觉，计算机、电视机早已成为玩游戏的设备之一。这就要求设计师在绘制游戏界面时，需要考虑用户可能会在不同的设备中进行游戏。针对不同设备去设置不同的界面尺寸，即使更换设备，用户也能享有高保真的游戏体验，如图7-3所示。

图 7-3

4. 换位思考

游戏类型多样，如竞技类、益智类、博彩类等。不同类型的游戏，目标用户也不同。设计师制作游戏界面时，要尝试换位思考，站到用户的角度去思考问题。设计师以自己的专业知识，结合用户思维，制作简洁舒适、功能齐全的界面，才能获得用户的青睐。

5. 用户习惯

用户习惯不仅包含界面的操作习惯，也包含看待事物的方式、生活态度等。了解游戏目标用户的习惯后，以此为基础确定界面风格。界面中的图形、字体与字号，按钮的类型与数量都应从用户的角度出发来考虑。

6. 多样化操作

游戏的操作工具有多种，如鼠标、键盘、手柄或者体感游戏设备，游戏应允许用户使用不同的工具来操作，保证用户随时随地沉浸式体验游戏。

7.2 制作欢迎页

　　启动游戏之后，首先会出现欢迎页。在欢迎页中，不会显示游戏的具体信息。用户需要在欢迎页中选择操作步骤，才能继续打开其他页面。用户可以注册新账号、登录已有账号，或者选择以游客的身份进入游戏。同时，为保护未成年人，需要在欢迎页上标注适龄提示。

　　本节介绍欢迎页的绘制。设定的风格为卡通型，通过场景的设定、动物元素以及其他辅助元素的添加，营造热闹欢乐的场景。游戏的标题作为重要的元素，为其添加斜面浮雕、投影效果，富有立体感。利用动物以及云朵来点缀，增加趣味性。

7.2.1 绘制背景

▶01 启动**Photoshop**，执行"文件"|"新建"命令，打开"新建文档"对话框，设置宽度和高度以及分辨率参数，如图7-4所示。单击"创建"按钮，新建一个文件。

▶02 打开"背景"素材，调整尺寸后放置在页面的下方，如图7-5所示。

图　7-4　　　　　　　图　7-5

▶03 单击图层面板下方的"创建新的填充或调整图层"按钮 ⬤，新建一个曲线调整图层。在曲线上单击创建并调整锚点的位置，图片的显示效果如图7-6所示。

▶04 为"背景"图层添加一个图层蒙版。将前景色设置为黑色，选择画笔工具 ✎，在蒙版上涂抹，效果如图7-7所示。

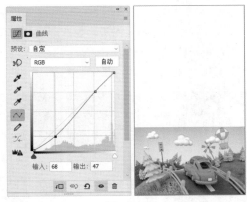

图　7-6

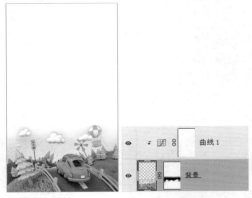

图　7-7

▶05 将前景色设置为蓝色（#75f0ff）。在曲线调整图层上方新建一个图层，重命名为"覆盖"。使用Alt+Delete组合键填充前景色，添加图层蒙版，使用黑色画笔在蒙版上涂抹。最后调整图层的"不透明度"参数，效果如图7-8所示。

7.2.2 绘制标题文字

▶01 选择横排文字工具 **T**，选择合适的字体与字号，设置不同的颜色，输入标题文字，结果如图7-9所示。

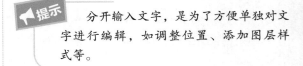
提示　　分开输入文字，是为了方便单独对文字进行编辑，如调整位置、添加图层样式等。

▶02 双击"蜗"图层，打开"图层样式"对话框。选择"斜面和浮雕"样式，设置各项参数，如图7-10所示。

▶03 创建两个"描边"样式，分别设置不同的大小及颜色，如图7-11所示。

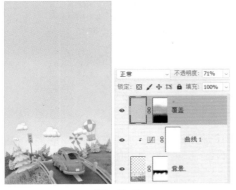

图　7-8

图　7-9

图　7-10

图　7-11

▶04 选择"渐变叠加"样式，参数设置如图7-12所示。

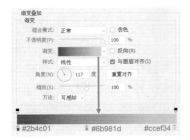

图　7-12

▶05 单击"确定"按钮，为"蜗"图层添加样式的效果如图7-13所示。

图　7-13

▶06 按住Alt键，将"蜗"图层的图层样式复制给"牛"图层，文字的显示效果如图7-14所示。

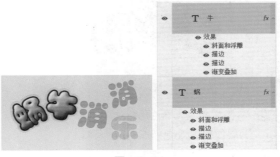

图　7-14

▶07 双击"消"图层，在"图层样式"对话框中添加"斜面和浮雕"样式，分别设置样式、大小、软化以及阴影等各项参数，如图7-15所示。

图　7-15

▶08 继续设置"渐变叠加"样式的参数，如图7-16所示。单击"确定"按钮关闭对话框。

▶09 按住Alt键，将"牛"图层中的两个描边样式复制给"消"图层，文字的显示效果如图7-17所示。

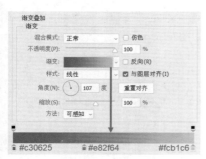

图 7-16

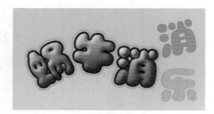

图 7-17

▶10 将图层样式复制给另一个"消"图层，文字以及图层面板的效果如图7-18所示。

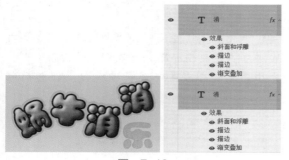

图 7-18

▶11 双击"乐"图层，分别添加"斜面和浮雕""渐变叠加"样式，如图7-19所示。

图 7-19

图 7-19（续）

▶12 按住Alt键，将"消"图层中的两个描边样式复制给"乐"图层，文字的显示效果如图7-20所示。

图 7-20

▶13 选择所有的文字图层，使用Ctrl+G组合键成组，重命名为"标题"。在组上方新建一个"曲线调整"图层，增强文字的对比效果，如图7-21所示。

图 7-21

▶14 在标题组的下方新建一个图层，重命名为"填补黄色"。将前景色设置为黄色（#ffdd03），选择画笔工具 ✎ 在文字下方涂抹，如图7-22所示。

▶15 使用Ctrl+J 组合键复制标题组，使用Ctrl+E组合键合并标题复制组。将合并后的图层移动至"填补黄色"图层的下方，重命名为"标题阴影"。

▶16 按住Ctrl键单击图层缩览图，创建选区，填充黑色。更改图层的"不透明度"为45%，并利用键盘上的方向键调整阴影的位置，效果如图7-23所示。

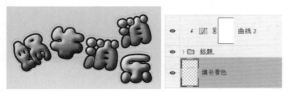

图 7-22

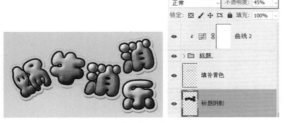

图 7-23

▶**17** 新建一个图层，设置前景色为黑色，使用画笔工具 ✐ 涂抹，覆盖文字间的空隙，如图7-24所示。

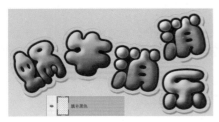

图 7-24

▶**18** 将前景色设置为白色。新建一个图层，使用画笔工具 ✐ 在文字上涂抹，绘制高光效果，如图7-25所示。

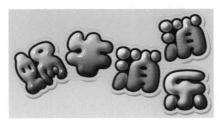

图 7-25

▶**19** 使用椭圆工具 ◯，设置填充色为无，描边为黑色，输入合适的描边大小值，按住Shift键绘制一个正圆，如图7-26所示。

▶**20** 使用横排文字工具，选择合适的字体与字号，在正圆内输入字母R，如图7-27所示。

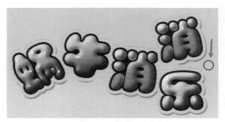

图 7-26

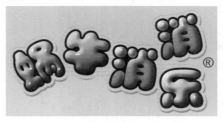

图 7-27

▶**21** 打开"蜗牛""毛毛虫""云"素材，装饰文字，效果如图7-28所示。

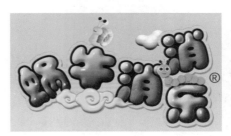

图 7-28

▶**22** 重复上述操作，打开配套资源提供的素材，调整尺寸与位置，装饰页面的效果如图7-29所示。

图 7-29

7.2.3 绘制按钮

▶01 选择矩形工具 ，设置填充色为黄色（#fff0d8），描边为无，输入圆角半径值，绘制圆角矩形如图7-30所示。

图 7-30

▶02 双击"圆角矩形"图层，打开"图层样式"对话框，分别设置"描边"及"投影"参数，如图7-31所示。

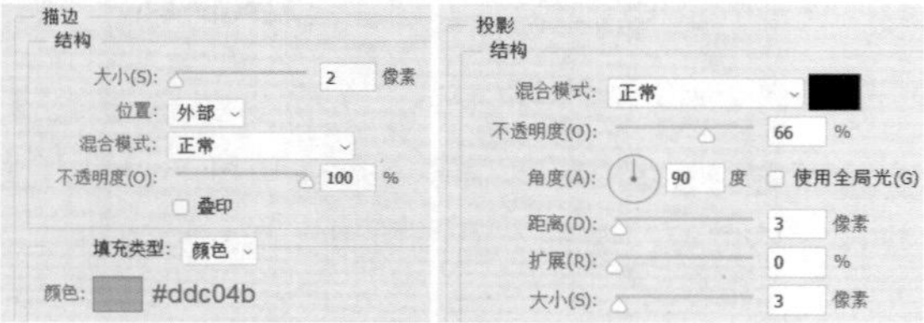

图 7-31

▶03 单击"确定"按钮，矩形的显示效果如图7-32所示。

▶04 选择矩形，使用Ctrl+J组合键复制一份，删除图层样式，更改填充颜色，如图7-33所示。

图 7-32

图 7-33

提示 由于要为矩形添加"渐变叠加"样式，所以可以任意为其设置一个填充色，这里设置为橘红色（#ff4800）。

▶05 双击拷贝得到的矩形，打开"图层样式"对话框，依次添加"描边""渐变叠加"样式，参数设置以及图形效果如图7-34所示。

图 7-34

▶06 使用Ctrl+J组合键继续复制矩形，删除图层样式，更改填充色为青色（#9cff68），如图7-35所示。

图 7-35

▶07 为矩形添加蒙版，设置前景色为黑色，使用画笔工具 在蒙版中涂抹，如图7-36所示。

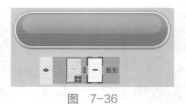

图 7-36

▶08 更改图层的"不透明度"为17%，效果如图7-37所示。

图 7-37

▶09 新建一个图层，将前景色设置为青色

（#00ff18），背景色设置为白色。选择渐变工具 ，绘制一个径向渐变，如图7-38所示。

图　7-38

▶**10** 选择径向渐变，使用Ctrl+T组合键进入变换模式。将光标放置在定界框的角点上，按住鼠标左键不放拖动光标，调整径向渐变的样式，并放置在矩形的下方，如图7-39所示。

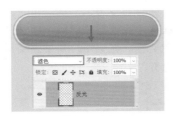

图　7-39

▶**11** 选择椭圆工具 ◯，设置填充色为白色，描边为无，绘制椭圆表示高光，如图7-40所示。

图　7-40

▶**12** 继续绘制椭圆，放置在矩形的右下角，降低"不透明度"值，效果如图7-41所示。

图　7-41

▶**13** 重复上述操作，继续绘制另一个按钮，结果如图7-42所示。

图　7-42

▶**14** 选择横排文字工具 **T**，选择合适的字体与字号，在按钮上输入白色文字，如图7-43所示。

▶**15** 双击"用户登录"图层，在"图层样式"对话框中添加"描边"样式，如图7-44所示。

图　7-43　　　　　　　　图　7-44

▶**16** 继续为"进入游戏"图层添加描边，效果如图7-45所示。

▶**17** 打开素材，调整尺寸后装饰按钮，效果如图7-46所示。

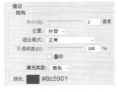

图　7-45　　　　　　　　图　7-46

▶**18** 选择横排文字工具 **T**，选择合适的字体，设置合适的字号，在按钮下方输入文字，如图7-47所示。

图　7-47

▶**19** 选择矩形工具 ▭，设置填充色为灰色（#58787c），描边为无，输入圆角半径值，按住Shift键，在文字之前绘制正方形，如图7-48所示。

▶**20** 更改填充色为白色，描边为黑色，输入圆角半径值，在页面的右上角绘制矩形，如图7-49所示。

▶**21** 使用Ctrl+J组合键复制矩形，更改填充色为蓝色（#027ec6），描边为无，左下角与右下角的圆角半径值为0，调整尺寸后如图7-50所示。

图 7-48

图 7-49

图 7-50

▶22 选择横排文字工具 **T**，选择合适的字体与字号，在矩形内输入文字，如图7-51所示。

▶23 欢迎页面的绘制效果如图7-52所示。

图 7-51

图 7-52

7.3 制作关卡页

游戏通过设置若干关卡，使用户在不同的情境下体验游戏的刺激或欢乐。随着难度等级的不同，关卡的页面设计也不同。除了必备的游戏区域外，还会依据不同的情况为用户提供道具、提示、障碍等。虽然每个关卡页面都不同，但是整体风格又趋向统一。

关卡页的风格沿袭欢迎页，同样为卡通风格。青山绿水作为背景，水晶按钮为用户提供指示，小蜗牛灵动活泼，螃蟹与小鱼作为游戏的重要元素，整齐排列在方格中。用户只需按照规律逐一消除，即可通过本关，前往下一关。另外，在页面的底部，设置解锁奖励。解锁关卡，就可得到相应的奖励。如果用户需要使用道具，可以到商店中购买。

7.3.1 绘制背景

▶01 启动Photoshop，在"新建文档"对话框中选择单位为像素，设置宽度为750，高度为1330，像素为150像素/英寸，单击"创建"按钮，新建一个文档。

▶02 打开"山水"素材，调整尺寸后放置在页面的上方，如图7-53所示。

图 7-53

▶03 为"山水"图层添加一个图层蒙版，设置前景色为黑色。选择画笔工具 ✏ 在蒙版上涂抹，效果如图7-54所示。

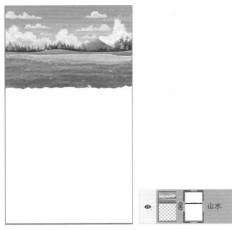

图 7-54

图 7-57（续）

▶04 打开"山脉"素材，放置在山水图层的下方，如图7-55所示。

▶05 在"山脉"图层上新建一个图层，重命名为"背景"。设置前景色为灰色（#a4a4a4），使用Alt+Delete组合键填充前景色，如图7-56所示。

图 7-55   图 7-56

▶06 更改"背景"图层的模式为"正片叠底"，调整"山脉"图层的"不透明度"为21%，此时页面的显示效果如图7-57所示。

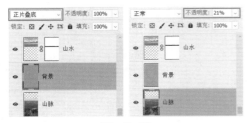

图 7-57

▶07 选择矩形工具 ，设置填充色为橙色（#ecae95），描边为无，圆角半径值为0，绘制矩形如图7-58所示。

▶08 更改填充色为青色（#4febed），描边为无，设置左上角、右上角的圆角半径值，绘制矩形如图7-59所示。

图 7-58   图 7-59

▶09 使用Ctrl+J组合键复制椭圆。更改填充色为浅青色（#acf1f2），并向中心缩放矩形，如图7-60所示。

图 7-60

▶10 双击复制得到的矩形，在"图层样式"对话框中添加"内发光""投影"样式，参数设置如图7-61所示。

图 7-61

▶11 单击"确定"按钮关闭对话框，矩形的显示效果如图7-62所示。

图 7-62

▶12 选择椭圆工具○，设置填充色为白色，描边为无，绘制椭圆表示高光，如图7-63所示。

图 7-63

▶13 打开"状态栏"素材，放置在页面的上方，如图7-64所示。

图 7-64

7.3.2 绘制"上一关"按钮

▶01 选择椭圆工具○，设置填充色为渐变，描边为无，按住Shift键绘制正圆，如图7-65所示。

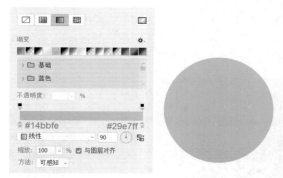

图 7-65

▶02 选择椭圆，使用Ctrl+G组合键创建成组，重命名为"底纹"。

▶03 使用Ctrl+J组合键复制椭圆，更改填充色为无，描边为渐变色，绘制椭圆，如图7-66所示。

图 7-66

▶04 将"椭圆1 拷贝"图层移动至"底纹"组上方，执行"图层"|"创建剪贴蒙版"命令，隐藏描边矩形的多余部分，效果如图7-67所示。

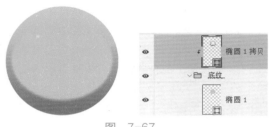

图 7-67

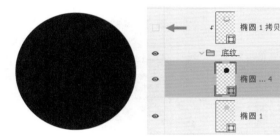

图 7-68

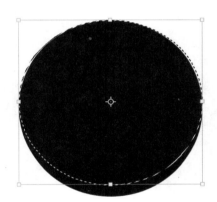

图 7-69

▶08 按Enter键确认调整，按Delete键删除选区内容，如图7-70所示。

图 7-70

▶09 使用Ctrl+Shift+I组合键反选选区，执行"选

▶05 暂时关闭"椭圆1 拷贝"图层。

▶06 使用Ctrl+J组合键，复制"椭圆1"图层，并更改填充色为黑色。选择图层，右击，在弹出的快捷菜单中选择"栅格化图层"选项，如图7-68所示。

▶07 按住Ctrl键，单击黑色椭圆图层的缩览图，创建选区。使用Alt+S+T组合键进入变换模式，调整选区如图7-69所示。

择"|"修改"|"羽化"命令，在"羽化选区"对话框中设置参数，如图7-71所示。

图 7-71

▶10 单击"确定"按钮，结果如图7-72所示。

图 7-72

▶11 将前景色设置为青色（#78ffff），新建一个图层，重命名为"光"。使用Alt+Delete组合键填充前景色，效果如图7-73所示。

▶12 重复上述操作，继续绘制光，如图7-74所示。

▶13 选择钢笔工具 ✎，在工具选项栏中选择"路径"，绘制路径如图7-75所示。

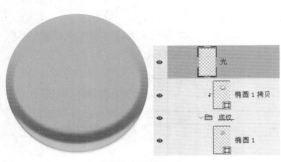

图 7-73

▶16 在"三角形"图层的下方新建一个图层，设置前景色为蓝色（#0e6bb3）。按Ctrl键单击三角形图层，创建选区，使用Alt+Delete组合键填充前景色。利用键盘上的箭头键，调整图形的位置，绘制阴影如图7-78所示。

▶17 设置前景色为蓝色（#a5ecff），新建一个图层，重命名为"层次"。选择画笔工具✐，选择柔边圆笔刷，在图形上涂抹，如图7-79所示。

▶18 选择"层次"图层，执行"图层"|"创建剪贴蒙版"命令，隐藏图形的多余部分，效果如图7-80所示。

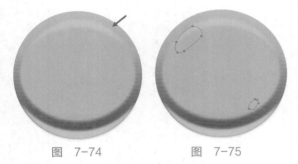

图 7-74　　　　　　图 7-75

▶14 新建一个图层，将前景色设置为白色，使用Ctrl+Enter组合键创建选区，使用Alt+Delete组合键填充前景色，绘制结果如图7-76所示。

▶15 选择自定形状工具✿，设置填充色为白色，描边为无，在形状列表中选择◀，按住Shift键绘制正三角形，如图7-77所示。

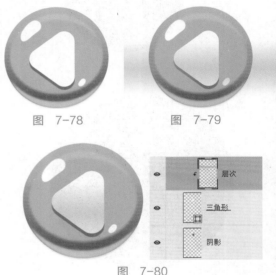

图 7-78　　　　　　图 7-79

图 7-80

▶19 选择"椭圆1"图层，使用Ctrl+J组合键复制一份，重命名为"底盘"，调整尺寸后移动至"椭圆1"图层的下方。

▶20 双击"底盘"图层，在"图层样式"对话框中添加"投影"样式，参数设置与图形效果如图7-81所示。

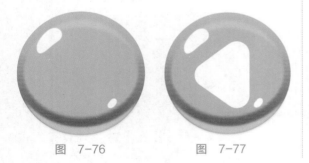

图 7-76　　　　　　图 7-77

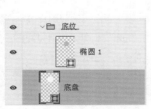

图 7-81

▶**21** 调整"底盘"图层的"不透明度"参数，效果如图7-82所示。

图 7-82

▶**22** 将按钮放置在页面的右上角，如图7-83所示。

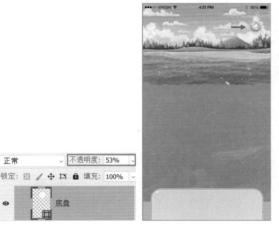

图 7-83

▶**23** 选择矩形工具 ▭，设置填充色为白色，描边为无，输入合适的圆角半径值，绘制圆角矩形如图7-84所示。

图 7-84

▶**24** 双击圆角矩形，打开"图层样式"对话框，设置"内发光""投影"样式参数，如图7-85所示。

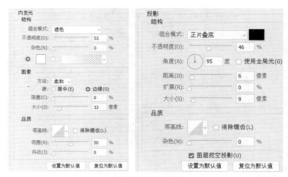

图 7-85

▶**25** 单击"确定"按钮关闭对话框。更改图层的"填充"值为0%，效果如图7-86所示。

图 7-86

▶**26** 选择横排文字工具 **T**，选择合适的字体与字号，在矩形上输入白色文字。双击"文字"图层，在"图层样式"对话框中添加"描边"样式，参数设置与文字效果如图7-87所示。

图 7-87

7.3.3 添加其他按钮

▶**01** 打开"第三关-按钮"素材，放置在页面的左上角，如图7-88所示。

▶**02** 选择横排文字工具 **T**，选择合适的字体和字号，在按钮上输入文字，并添加描边样式，效果如图7-89所示。

图 7-88

图 7-89

▶03 打开"水晶质感按钮""圆环",调整尺寸后,放置在合适的位置,如图7-90所示。

图 7-90

▶04 为"圆环"图层添加一个图层蒙版,选择画笔工具✐,设置前景色为黑色,在蒙版上涂抹,使圆环有被草丛覆盖的效果,如图7-91所示。

图 7-91

▶05 打开"蜗牛"素材,放置在圆环的左侧,如图7-92所示。

图 7-92

▶06 在"蜗牛"图层的下方新建一个图层,重命名为"投影"。设置前景色为黑色,选择画笔工具✐,选择柔边圆笔刷,在蜗牛的下方涂抹,绘制阴影的效果如图7-93所示。

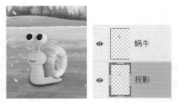

图 7-93

▶07 打开"宝箱"素材,调整尺寸后放置在圆环上,如图7-94所示。

图 7-94

▶08 选择横排文字工具 **T**,输入白色的文字后为其添加描边,效果如图7-95所示。

图 7-95

7.3.4　绘制游戏区域

▶01 选择矩形工具 ▢，设置填充色为深蓝色（#272e6f），描边为淡蓝色（#0d70bd），按住Shift键绘制正方形，如图7-96所示。

▶02 按住Alt键，移动复制多个矩形，效果如图7-97所示。

图　7-96　　　　　　图　7-97

▶03 选择所有的矩形，使用Ctrl+G组合键创建成组，重命名为"关卡底纹"。使用Ctrl+J组合键复制组，使用Ctrl+E组合键合并组。

▶04 按住Ctrl键单击"关卡底纹 拷贝"图层，创建选区，如图7-98所示。

图　7-98

▶05 新建一个图层。执行"编辑"|"描边"命令，在"描边"对话框中设置参数，如图7-99所示。

图　7-99

▶06 单击"确定"按钮，绘制描边的效果如图7-100所示。

▶07 复制"宝箱"素材，放置在矩形上，如图7-101所示。

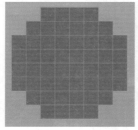 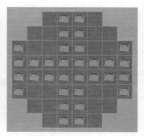

图　7-100　　　　　　图　7-101

▶08 打开"螃蟹"素材，并复制多份，如图7-102所示。

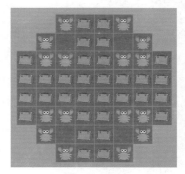

图　7-102

▶09 打开"小鱼"素材，对称布置，如图7-103所示。

图　7-103

7.3.5　绘制解锁按钮

▶01 选择椭圆工具 ◯，设置填充色为灰色（#c2c2c2），描边为无，按住Shift键绘制正圆。

按住Alt键，创建3个正圆副本，并居中对齐，等距分布，如图7-104所示。

▶02 选择4个"椭圆"图层，使用Ctrl+J组合键复制。更改椭圆的填充色为黑色，向下调整椭圆的位置，绘制阴影的效果如图7-105所示。

图 7-104　　　　图 7-105

▶03 调整这些"椭圆"图层的"不透明度"为40%，效果如图7-106所示。

▶04 打开"罩子"素材，调整尺寸后放置在椭圆上，如图7-107所示。

图 7-106　　　　图 7-107

▶05 打开"萝卜""可乐""棒棒糖""宝藏"素材，分别放置在罩子上，如图7-108所示。

图 7-108

▶06 选择上述素材，执行"图像"|"调整"|"去色"命令，素材效果如图7-109所示。

图 7-109

▶07 打开"绿色按钮"素材，放置在罩子的右下

角，如图7-110所示。

图 7-110

▶08 选择横排文字工具**T**，选择合适的字体与字号，输入白色文字，如图7-111所示。

图 7-111

▶09 为这些白色文字添加深色描边，参数设置与文字效果如图7-112所示。

图 7-112

▶10 在绿色按钮上输入+号，并为+号添加绿色描边，参数设置与效果如图7-113所示。

图 7-113

▶11 关卡页的绘制结果如图7-114所示。

图　7-114

7.4　制作闯关成功页

　　用户闯关成功后，会弹出一个提示页面。页面中包含提示信息，如"闯关成功""成功解锁"等，不同的游戏各不相同。此外，为了更好地解答用户的疑问，设置提问按钮。点击按钮，进入查询页面，系统提供常规问题的标准答案。如果没有找到解答方法，可以咨询客服人员。

　　用户可以选择直接进入下一关卡，或者返回再重新游戏。也可以回到主页，选择想要探索的关卡。或者直接关闭页面。按钮的风格与游戏风格相协调，质感透明，趣味十足。

7.4.1　绘制背景

▶01　复制一份在7.3节中绘制完成的"关卡页.psd"文件，重命名为"闯关成功页.psd"。

▶02　打开"闯关成功页.psd"文件。新建一个图层，将前景色设置为黑色，使用Alt+Delete组合键填充前景色。更改图层的"不透明度"为83%。

▶03　双击"状态栏"图层，在"图层样式"对话框中添加"颜色叠加"样式，参数设置与结果如图7-115所示。

图　7-115

▶04　选择矩形工具 ▭，设置填充色为白色，描边为无，输入合适的圆角半径值，绘制圆角矩形如图7-116所示。

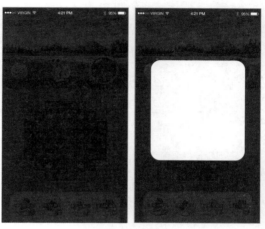

图　7-116

▶05　双击"矩形"图层，在"图层样式"对话框中添加"渐变叠加"样式，设置参数后单击"确定"按钮，效果如图7-117所示。

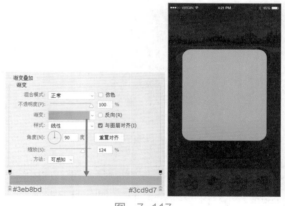

图　7-117

▶06　使用Ctrl+J组合键复制"矩形"图层，向内缩放矩形，删除"渐变叠加"样式，添加"颜色叠加"样式，如图7-118所示。

图　7-118

▶07　选择"内发光"样式，参数设置与最终效果如图7-119所示。

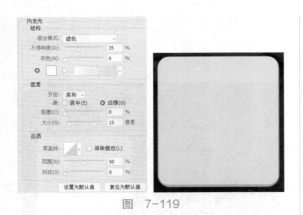

图 7-119

图 7-120

▶09 继续复制矩形，删除原有的图层样式，添加"内发光""颜色叠加"样式，参数设置与图形效果如图7-121所示。

▶08 使用Ctrl+J组合键复制"矩形"图层，向内缩放矩形，删除原有的图层样式，为其添加"颜色叠加"样式，如图7-120所示。

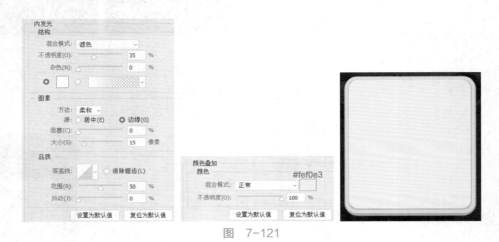

图 7-121

7.4.2 绘制内部框架

▶01 使用Ctrl+J组合键复制"矩形"图层，向内缩放矩形，将已有的图层样式删除，如图7-122所示。

▶02 添加"斜面和浮雕""描边"样式，参数设置如图7-123所示。

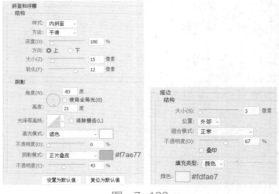

图 7-123

▶03 继续添加"内阴影""内发光""颜色叠加"样式，参数设置如图7-124所示。

▶04 单击"确定"按钮，图形的显示效果如图7-125所示。

图 7-122

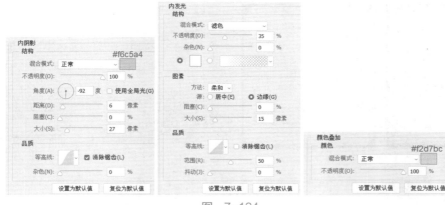

图　7-124

图　7-125

图　7-126

▶05 继续复制矩形，删除样式后调整尺寸，结果如图7-126所示。

▶06 为矩形添加"内发光""投影""颜色叠加"样式，参数设置如图7-127所示。

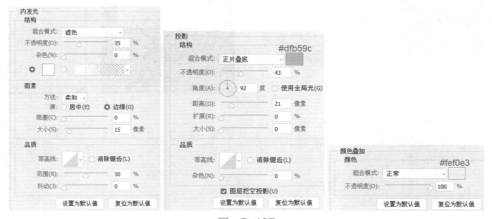

图　7-127

▶07 单击"确定"按钮关闭对话框，添加样式的效果如图7-128所示。

▶08 选择矩形工具，设置填充色为褐色（#b58c69），描边为无，输入圆角半径值，绘制圆角矩形如图7-129所示。

▶09 调整"矩形"图层的"不透明度"值为64%，结果如图7-130所示。

▶10 复制矩形，更改填充色为蓝色（#37a0b3），描边为无，恢复图层的"不透明度"值为100%，调整尺寸后如图7-131所示。

图 7-128　　　　　　　图 7-129

图 7-130　　　　　　　图 7-131

▶11 继续复制矩形，调整尺寸后更改填充色为浅蓝色（#80e7ec），如图7-132所示。

▶12 新建一个图层，设置前景色为蓝色（#60d4e1），选择画笔工具 ✎，在矩形上涂抹，效果如图7-133所示。

图 7-132　　　　　　　图 7-133

 如果涂抹时超出矩形边界，可为涂抹图层创建剪贴蒙版，就能将涂抹结果限制在矩形范围之内。

▶13 选择椭圆工具 ◯，设置填充色为白色，描边为无，按住Shift键绘制正圆，如图7-134所示。

▶14 新建一个图层，将前景色设置为白色，选择画笔工具 ✎，在矩形上涂抹，效果如图7-135所示。

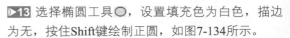

图 7-134　　　　　　　图 7-135

7.4.3　绘制标题

▶01 打开"横幅"素材，调整尺寸后放在合适的位置上，如图7-136所示。

▶02 选择横排文字工具，选择合适的字体与字号，在横幅上输入白色文字，如图7-137所示。

图 7-136　　　　　　　图 7-137

▶03 双击"文字"图层，在"图层样式"对话框中添加"描边""投影"样式，参数设置与文字效果如图7-138所示。

图　7-138

7.4.4　绘制星星

01 选择自定形状工具，设置填充色为黄色（#f9b63b），描边为无，在形状列表中选择★，按住Shift键绘制星星，如图7-139所示。

图　7-139

02 双击"星星"图层，在"图层样式"对话框中添加"内发光""描边"样式，参数设置如图7-140所示。

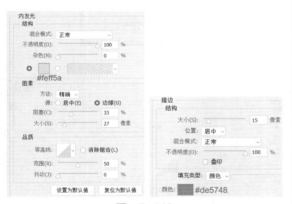

图　7-140

03 单击"确定"按钮，星星的显示效果如图7-141所示。

04 选择钢笔工具，在工具选项栏中选择"路径"选项，在星星上绘制路径，如图7-142所示。

05 使用Ctrl+Enter组合键转化为选区，新建一个

图层，在选区内填充任意色。双击图层打开"图层样式"对话框，为其添加"渐变叠加"样式，参数设置与显示效果如图7-143所示。

图　7-141

图　7-142

图　7-143

06 选择椭圆工具，设置填充色为白色，描边为无，按住Shift键绘制正圆，如图7-144所示。

图　7-144

07 选择绘制完成的星星，向右移动复制，并调整旋转角度，如图7-145所示。

08 在右侧星星上新建一个"色相/饱和度"调整图层，降低"饱和度"值，如图7-146所示。

09 在属性面板的下方单击按钮，创建剪贴蒙版，使调整参数仅影响右侧的星星，结果如图7-147所示。

图 7-145　　　图 7-146

图 7-147

7.4.5 添加道具

▶01 打开"萝卜""可乐""棒棒糖"素材,调整尺寸后等距排列,效果如图7-148所示。

图 7-148

▶02 选择三个素材图层,使用Ctrl+G组合键创建

成组。双击组,在打开的"图层样式"对话框中添加"投影"样式,效果如图7-149所示。

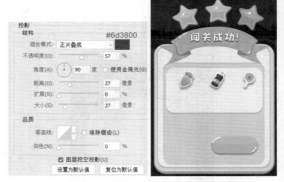

图 7-149

▶03 选择横排文字工具,设置合适的字体与字号,在素材的下方输入白色的数字,如图7-150所示。

图 7-150

▶04 选择三个数字图层,使用Ctrl+G组合键创建成组。双击组,打开"图层样式"对话框,添加"投影""描边"样式,参数设置如图7-151所示。

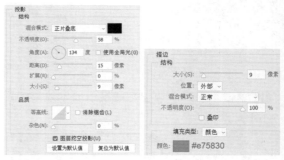

图 7-151

▶05 单击"确定"按钮关闭对话框,文字的显示效果如图7-152所示。

7.4.6 绘制询问按钮

▶01 选择矩形工具，设置填充为白色，描边为无，圆角半径值均为0，绘制直角矩形如图7-153所示。

图 7-152　　　　　　图 7-153

▶02 将光标放置在右上角的 ◉ 按钮上，待光标显示为时，按住鼠标左键不放向内拖动，创建圆角如图7-154所示。

▶03 松开鼠标左键，结束操作，效果如图7-155所示。

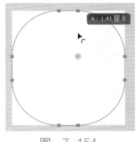

图 7-154　　　　　　图 7-155

▶04 双击图形，弹出"图层样式"对话框，添加"斜面和浮雕""投影"样式，参数设置与样式效果如图7-156所示。

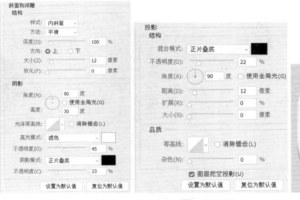

图 7-156

▶05 复制矩形，向内缩放，删除已有的图层样式，更改填充色为绿色（#6bcc90），如图7-157所示。

图 7-157

▶06 双击绿色矩形所在的图层，在"图层样式"对话框中添加"内阴影"样式，参数设置完毕后

单击"确定"按钮，结果如图7-158所示。

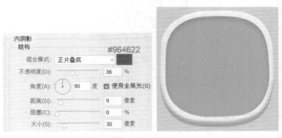

图 7-158

▶07 选择钢笔工具，在工具选项栏中选择"形状"选项，设置填充色为绿色（#92d5a9），描边为无，绘制形状如图7-159所示。

▶08 选择"形状"图层，执行"图层"|"创建剪

贴蒙版"命令,隐藏多余部分,如图7-160所示。

图 7-159　　　　　图 7-160

▶09 重复上述操作,更改填充色为绿色(#4ac27e),绘制形状并创建剪贴蒙版的效果如图7-161所示。

图 7-161

▶10 选择椭圆工具◯,设置填充色为淡绿色(#c3e5d0),描边为无,绘制椭圆增添光影效果,如图7-162所示。

图 7-162

▶11 选择钢笔工具◎,将填充色设置为淡绿色

(#c3e5d0),绘制形状增加按钮的层次,如图7-163所示。

▶12 选择椭圆工具◯,设置填充色为红色(#f61919),描边为无,按住Shift键绘制一个正圆,如图7-164所示。

 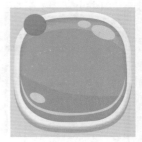

图 7-163　　　　　图 7-164

▶13 继续绘制一个白色的正圆,如图7-165所示。

▶14 打开"问号"素材,调整尺寸后放置在按钮的中间,如图7-166所示。

图 7-165　　　　　图 7-166

▶15 双击"问号"图层,在"图层样式"对话框中添加"内阴影""颜色叠加"样式,问号的显示效果如图7-167所示。

▶16 选择横排文字工具**T**,选择合适的字体与字号,输入白色文字如图7-168所示。

▶17 双击"文字"图层,打开"图层样式"对话框,添加"描边""投影"样式,参数设置如图7-169所示。

图 7-167

图 7-168

图 7-169

▶18 单击"确定"按钮关闭对话框,为文字添加样式的效果如图7-170所示。

▶19 打开"主页按钮""返回按钮""关闭按钮"素材,调整尺寸后等距排列,页面的最终效果如图7-171所示。

图 7-170   图 7-171

7.5 课后习题

在本节中,提供商城页与通关页两个案例。请用户根据前面学习到的内容,练习绘制游戏界面。

7.5.1 绘制商城页

在商城页中,提供各类道具套餐方便用户选购。每解锁一个关卡,用户能得到一定的奖励,金币或者道具。如果需要使用道具辅助通过,用户只需跳转至商场页购买即可。

▶01 复制在7.3节中绘制的"关卡页.psd"文件,重命名为"商城页"。

▶02 新建一个图层,将前景色设置为黑色,使用Alt+Delete组合键填充前景色,将图层的"不透明度"更改为80%。

▶03 选择矩形工具，在页面的上方绘制矩形,为矩形添加"渐变叠加""斜面和浮雕"图层样式。

▶04 在页面中继续绘制四个尺寸相同的矩形,并等距排列,为矩形添加"斜面和浮雕""投影"图层样式。

▶05 绘制四个尺寸较小的矩形,为矩形添加"描边""内阴影""投影"图层样式,作为道具的底部框架。

▶06 添加"牌子"素材,并使用横排文字工具 **T** 在牌子上输入"新手套餐""进阶套餐"等标题文字。

▶07 使用学习过的方法绘制右上角的圆形关闭按钮,以及右侧的蓝色价格按钮。

▶08 打开素材,调整尺寸后将各个素材放置在合适的位置。

▶09 输入相应的文字说明,执行"文件"|"导出"|"导出为"命令,在"导出为"对话框中设置参数,单击"导出"按钮,即可导出图片,如图7-172所示。

图 7-172

7.5.2 绘制通关页

本节通关页以海底世界为背景，添加海洋生物增添动感。页面包含的信息不多，仅提示用户已经解锁第1关。

▶01 启动Photoshop，新建一个文件。

▶02 打开"海底世界"素材，调整尺寸，使其与页面同等大小。

▶03 打开各个海洋生物素材，布置在页面的合适位置。

▶04 为贝壳与珊瑚素材添加"斜面和浮雕""投影"图层样式。

▶05 使用横排文字工具**T**，选择合适的字体与字号，在贝壳与珊瑚的下方输入"第1关"。

▶06 拷贝文字，更改颜色，调整位置，使文字具有立体的效果。

▶07 执行"文件"|"导出"|"导出为"命令，导出图片，结果如图7-173所示。

图　7-173

7.6　本章小结

在本章中，介绍了三个游戏界面的绘制方法。从新建文件，创建背景，搭建场景，添加元素，输入文字，直到绘制结束。在绘制页面之前，需要先对页面有一个大致的设计编排，才能在实际的操作中不断更改与完善，最终绘制一个满意的页面。

页面中的元素有的可以自行绘制，有的可以到网站去寻找素材。调整、搭配素材需要花费相当长的时间，绘制者需要有良好的耐性。

每一节都会介绍元素的绘制，用户可以参考绘制方法，更改颜色、样式、尺寸等来练习绘制相同类型的元素。把这些元素存储起来，以后在绘制同样类型的页面时就可以随时调用。

练习题提供的两个案例，源文件保存在配套资源中。用户打开源文件，可以了解页面的所有组成元素，在自己练习时能提供参考。

第8章 绘制平板电脑界面

本章以音乐软件为例，介绍平板电脑界面的绘制方法。平板电脑界面与手机界面相同，都是在有限的空间内合理地布置内容，致力于为用户创造一个完美的体验空间。课后提供习题，方便用户巩固练习，增强实操能力。

8.1 平板电脑界面概述

平板电脑界面的设计与手机界面的设计并无不同之处，需要注意的是尺寸的差异。平板电脑与手机相比，界面尺寸较大，所以在设计界面的过程中，状态栏、导航栏以及图标的尺寸、位置都要重新考虑。

图8-1所示为启动平板电脑后界面的显示效果。与手机相同，不同的界面设计会呈现不同的效果。iOS系统与Android系统的界面显示稍有不同，两个系统所规定的尺寸标准也各有特点。关于手机APP界面的相关知识，请参阅第4章"4.1　APP界面的设计基础"，在此不再赘述。

为不同规格的平板电脑设计界面时，也需要注意细节尺寸，图8-2所示为平板电脑界面与手机界面的显示效果。平板电脑与手机都是通过点击、捏合、触摸屏幕进行操作，图8-3所示为操作手势示意图。

图 8-1　　　　　　　　　　图 8-2　　　　　　　　图 8-3

8.2 绘制平板电脑音乐APP首页

本节介绍平板电脑音乐APP界面首页的绘制。首先划分界面区域，确定区域内所要布置的内容。接着在区域内绘制图形，载入素材或图标。最后添加效果，输入文字，完成绘制。

8.2.1 划分区域

>01 启动Photoshop应用程序，执行"文件"|"新建"命令，打开"新建文档"对话框。设置参数后单击"创建"按钮，新建文件。

▶02 打开"状态栏.png"文件,将其拖放至页面上方,如图8-4所示。

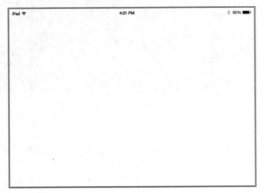

图 8-4

▶03 选择矩形工具 ▭,设置填充色为白色,描边为无,在页面的左侧拖曳光标绘制矩形。

▶04 双击"矩形"图层,打开"图层样式"对话框,添加"投影"样式,参数设置如图8-5所示。

图 8-5

▶05 单击"确定"按钮关闭对话框,为矩形添加投影的效果如图8-6所示。

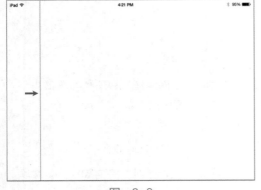

图 8-6

▶06 继续在页面的上方绘制矩形,同样为其添加投影,参数设置如图8-7所示。

图 8-7

▶07 查看绘制矩形并添加投影的效果,如图8-8所示。

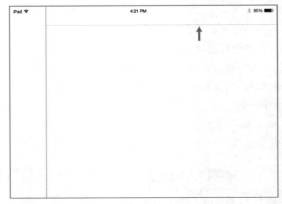

图 8-8

▶08 继续选择矩形工具 ▭,设置填充色为浅灰色(#ececec),描边为无,在页面的下方拖曳光标绘制矩形。

▶09 双击矩形,打开"图层样式"对话框,填充"内发光"样式,参数设置如图8-9所示。

▶10 继续添加"投影"样式,分别设置"混合模式""不透明度""角度"等参数,如图8-10所示。

▶11 单击"确定"按钮关闭对话框。在图层面板中修改"不透明度"值为95%,效果如图8-11所示。

▶12 选择直线工具 ╱,设置填充色为浅灰色(#ececec),按住Shift键绘制水平线段,划分区域的效果如图8-12所示。

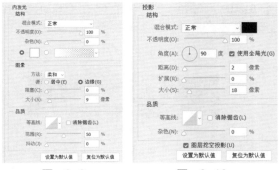

图 8-9　　　　图 8-10

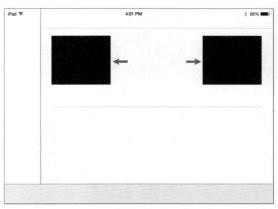

图 8-13

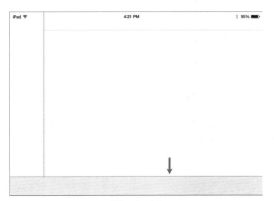

图 8-11

图 8-14

▶03 重复上述操作，调整右侧矩形的透视效果，如图8-15所示。

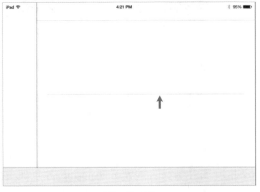

图 8-12

8.2.2　绘制轮播区域

▶01 选择矩形工具 ▣，设置填充色为黑色，描边为无，拖曳光标在页面的上方绘制两个矩形，如图8-13所示。

▶02 选择左侧的矩形，右击，在弹出的快捷菜单中选择"透视"选项。将光标放置在右上角的夹点，按住鼠标左键不放向下拖曳，调整矩形的效果如图8-14所示。

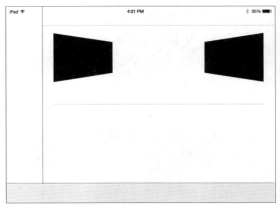

图 8-15

▶04 选择两个矩形，使用Ctrl+G组合键创建成组。双击组，在"图层样式"对话框中添加"投影"样式，参数设置如图8-16所示。

▶05 单击"确定"按钮关闭对话框，为矩形添加投影的效果如图8-17所示。

图 8-16   图 8-17

▶06 选择矩形工具□，设置任意填充色，如绿色（#01ac09），描边为无，设置圆角半径值，在两个黑色矩形上绘制圆角矩形，如图8-18所示。

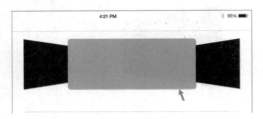

图 8-18

提示　因为此处的圆角矩形是作为一个图片容器来使用，添加图片后填充颜色会被图片覆盖，所以可以自定义矩形的颜色。

▶07 打开图片素材，放置在矩形上。然后使用Alt+Ctrl+G组合键创建剪贴蒙版，隐藏图片的多余部分，操作结果如图8-19所示。

图 8-19

▶08 选择椭圆工具○，分别设置填充色为绿色

（#01ac09）和黑色，在图片的下方按住Shift键绘制正圆，并等距排列，表示轮播按钮，如图8-20所示。

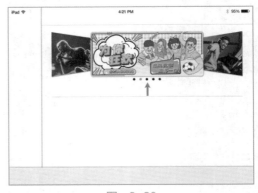

图 8-20

8.2.3　绘制主打歌曲内容

▶01 选择矩形工具□，设置填充色为任意色，描边为无，设置圆角半径值，拖曳光标绘制矩形，结果如图8-21所示。

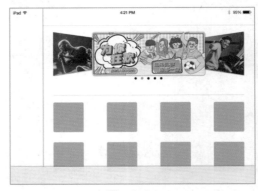

图 8-21

▶02 打开图片素材，放置在矩形上，并创建剪贴蒙版，操作效果如图8-22所示。

提示　创建剪贴蒙版之后，可以约束图片的显示范围，使其仅在矩形内显示。

▶03 选择椭圆工具○，设置填充色为白色，描边为无，按住Shift键在图片的左下角绘制一个正圆，如图8-23所示。

▶04 选择多边形工具○，设置填充色为黑色，描边为无，边数为3，按住Shift键绘制三角形，如图8-24所示。

图　8-22

图 8-23　　　　　图 8-24

▶05 选择圆形与三角形，使用Ctrl+G组合键创建成组。选择组，按住Alt键向右移动复制，结果如图8-25所示。

图　8-25

▶06 选择横排文字工具**T**，选择合适的字体与字号，输入绿色（#01ac09）与黑色文字，如图8-26所示。

图　8-26

▶07 继续选择横排文字工具**T**，字体保持不变，调整字号与颜色，输入文字的结果如图8-27所示。

▶08 选择矩形工具▢，在"今日推荐"的下方绘

制绿色矩形（#01ac09），在"今日主打"的下方绘制灰色矩形（#757575），如图8-28所示。

图　8-27

图　8-28

8.2.4　绘制侧栏

▶01 打开"图标.psd"文件，选择图标，拖放至页面的左侧，等距排列，结果如图8-29所示。

图　8-29

▶02 选择椭圆工具 ◯，设置填充色为红色
（#ff0000），描边为无，按住Shift键在图标的右
上角绘制正圆，如图8-30所示。

▶03 选择横排文字工具 **T**，设置字体与字号，在
圆形上输入白色数字，如图8-31所示。

▶04 选择矩形工具，在图标的下方绘制绿色
（#01ac09）矩形，描边为无，如图8-32所示。

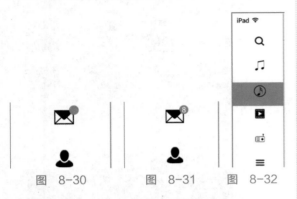

图 8-30　　　图 8-31　　　图 8-32

▶05 双击矩形，打开"图层样式"对话框，添
加"内发光""投影"样式，参数设置如图8-33
所示。

▶06 单击"确定"按钮关闭对话框，为矩形添加
样式的效果如图8-34所示。

图 8-33

▶07 选择横排文字工具 **T**，设置字体与字号，在图
标的下方输入白色与黑色文字，如图8-35所示。

▶08 双击"经典专辑"图标，打开"图层样式"
对话框，添加"颜色叠加"样式，更改图标的显
示颜色，如图8-36所示。

> **提示**　因为有绿色矩形作背景，将"经典专
> 辑"的图标与文字更改为白色后，显示得
> 更加清晰。

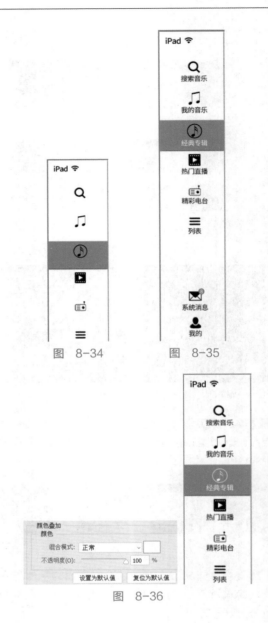

图 8-34　　　图 8-35

图 8-36

8.2.5　绘制播放进度区域

▶01 选择矩形工具 ▭，设置填充色为任意色，描
边为无，设置圆角半径值，拖曳光标绘制矩形，
如图8-37所示。

▶02 双击"矩形"图层，打开"图层样式"对
话框，添加"描边"样式，参数设置如图8-38
所示。

▶03 继续添加"投影"样式，设置"混合模式"
为"正常"，"不透明度"为100%，"角度"为
120°，其他参数设置如图8-39所示。

图 8-37

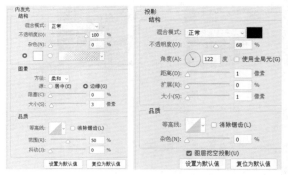

图 8-42

"内发光""投影"样式，参数设置如图8-42所示。

▶08 单击"确定"按钮关闭对话框，绘制效果如图8-43所示。

图 8-43

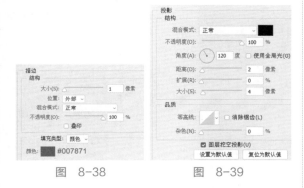

图 8-38　　　　图 8-39

▶04 单击"确定"按钮关闭对话框，为矩形添加样式的效果如图8-40所示。

▶05 打开图片素材，放置在矩形上，使用Alt+Ctrl+G组合键创建剪贴蒙版，隐藏图片的多余部分，如图8-41所示。

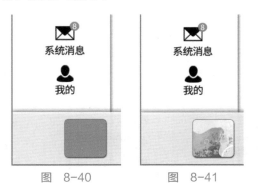

图 8-40　　　　图 8-41

▶06 选择椭圆工具 ◯，设置填充色为灰色（#eaeaea），描边为无，按住Shift键绘制三个正圆。

▶07 选择三个正圆，使用Ctrl+G组合键创建成组。双击组，打开"图层样式"对话框，添加

▶09 选择矩形工具 ▢，设置填充色为绿色（#01ac09），描边为无，设置圆角半径值，拖曳光标绘制矩形。选择矩形，按住Alt键向右移动复制，结果如图8-44所示。

▶10 双击"矩形"图层，打开"图层样式"对话框，添加"投影"样式，参数设置如图8-45所示。

图 8-44　　　　图 8-45

▶11 单击"确定"按钮关闭对话框，为矩形添加投影的效果如图8-46所示。

▶12 参考上述方法，继续绘制灰色（#747474）

矩形与三角形，并为其添加投影，绘制结果如图8-47所示。

图 8-46　　　图 8-47

▶13 选择矩形工具 □，设置填充色为灰色（#bbbbbb），描边为无，设置圆角半径值，拖曳光标绘制矩形，如图8-48所示。

图 8-48

▶14 选择矩形，使用Ctrl+J组合键拷贝矩形。调整矩形的长度，更改填充色为绿色（#01ac09），结果如图8-49所示。

▶15 选择椭圆工具 ○，设置填充色为白色，描边为无，按住Shift键绘制正圆。

▶16 双击"椭圆"图层，打开"图层样式"对话框，添加"内发光"样式，分别设置"混合模式""不透明度"等参数，如图8-50所示。

▶17 继续添加"投影"样式，参数设置如图8-51所示。

图 8-49

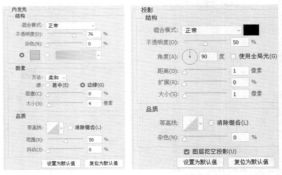

图 8-50　　　图 8-51

▶18 单击"确定"按钮关闭对话框，绘制圆形并为其添加样式的结果如图8-52所示。

图 8-52

▶19 选择圆形，使用Ctrl+J组合键拷贝圆形，删除图层样式。接着双击"椭圆"图层，在"图层样式"对话框中添加"内阴影""投影"样式，参数设置与图形效果如图8-53所示。

图 8-53

▶20 选择横排文字工具**T**，选择合适的字体与字号，在进度条的上方输入灰色（#474747）文字，如图8-54所示。

图 8-54

▶21 从"图标.psd"文件中选择图标，拖放至页面的右下角，完成首页的绘制，结果如图8-55所示。

图 8-55

8.3 绘制平板电脑音乐APP搜索页

搜索页在首页的基础上绘制，但是要先删除不需要的图形。将搜索栏放置在页面的上方，方便用户在输入搜索内容时系统自动弹出下拉列表，显示与输入内容相匹配的信息。在进入搜索模式后，系统会自动显示键盘，方便用户按键输入内容。

8.3.1 整理图形

▶01 选择8.2节"绘制平板电脑音乐APP首页.psd"文件，使用Ctrl+C、Ctrl+V组合键创建文件副本，并重命名为"绘制平板电脑音乐APP搜索页.psd"。

▶02 双击打开"绘制平板电脑音乐APP搜索页.psd"文件，删除图形与文字，整理结果如图8-56所示。

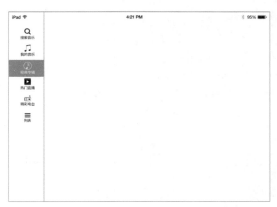

图 8-56

▶03 选择"经典专辑"图标与文字下方的绿色矩形，向上移动。更改"搜索音乐"图标与文字为白色，操作结果如图8-57所示。

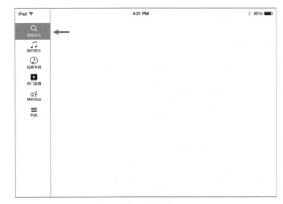

图 8-57

▶04 选择矩形工具，设置填充色为灰色（#dedede），描边为无，拖曳光标绘制矩形，如图8-58所示。

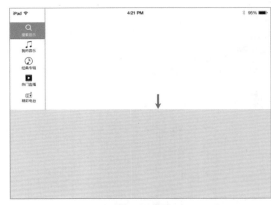

图 8-58

▶05 绘制搜索栏。更改填充色为白色，描边为无，拖曳光标在页面上方绘制矩形。双击矩形图层，打开"图层样式"对话框，添加"内发光"样式，参数设置如图8-59所示。

▶06 添加"投影"样式，分别设置"混合模式""不透明度"以及"角度"等参数，如图8-60所示。

制结果如图8-61所示。

▶08 绘制按钮。在搜索栏的右侧绘制填充色为白色，描边为无的圆角矩形。双击圆角矩形图层，在"图层样式"对话框中分别添加"内发光""渐变叠加""投影样式，参数设置如图8-62所示。

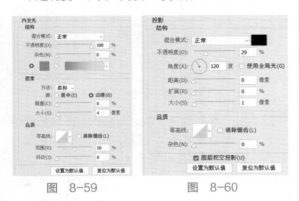

图 8-59　　　图 8-60

▶07 单击"确定"按钮关闭对话框，搜索栏的绘

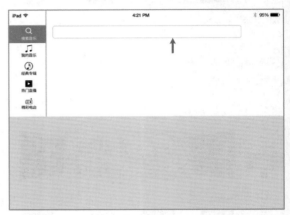

图 8-61

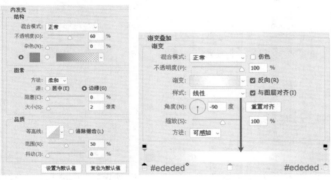

图 8-62

▶09 单击"确定"按钮关闭对话框，按钮的绘制结果如图8-63所示。

▶10 选择直线工具 ✐，设置填充色为灰色（#cccccc），描边为无，按住Shift键绘制水平线段，如图8-64所示。

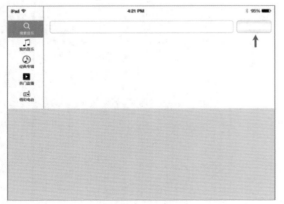

图 8-63

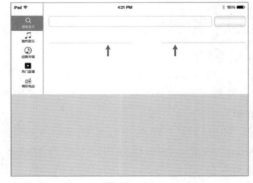

图 8-64

8.3.2　绘制键盘

▶01 绘制键盘按键。选择矩形工具，设置填充色为灰色（#bcbcbc）与白色，描边为无，设置圆角半径值，拖曳光标绘制矩形，如图8-65所示。

▶02 选择所有的矩形，使用Ctrl+G组合键创建成组。双击组，打开"图层样式"对话框，添加"内发光"样式，参数设置如图8-66所示。

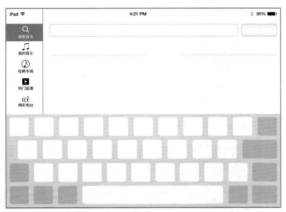

图　8-65

▶03 添加"投影"样式，设置"混合模式"为"正常"，"不透明度"为64%，"角度"为90°，其他参数设置如图8-67所示。

图　8-66　　　　　图　8-67

▶04 单击"确定"按钮关闭对话框，为矩形添加样式的效果如图8-68所示。

提示　将矩形创建成组，就可以统一为其添加样式，减轻工作负担。

▶05 打开"图标.psd"文件，选择放大镜、话筒以及垃圾桶图标，将其拖放至当前视图，并调整尺寸与位置，操作结果如图8-69所示。

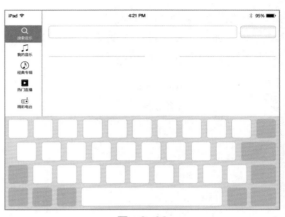

图　8-68

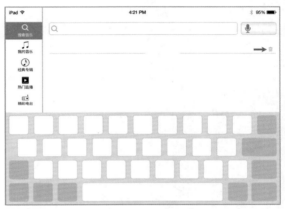

图　8-69

▶06 选择横排文字工具**T**，设置字体与字号，输入黑色与灰色（#848383）文字，如图8-70所示。

图　8-70

▶07 从"图标.psd"文件中选择互联网、键盘等图标，拖放至键盘按键上，如图8-71所示。

▶08 选择横排文字工具**T**，设置字体、字号与颜色，输入数字与单词，如图8-72所示。

▶09 继续输入大写字母，完成键盘的绘制，搜索页的最终效果如图8-73所示。

图 8-71

图 8-72

图 8-73

8.4 绘制平板电脑音乐APP登录界面

登录音乐APP后，用户可以存储个人信息，包括下载内容、歌曲列表以及搜索历史。APP提供多种方式登录账号，在界面中明确展示输入账号的入口，方便用户快速登录账号。

▶01 拷贝一份"绘制平板电脑音乐APP搜索页.psd"文件的副本，重命名为"绘制平板电脑音乐APP登录界面.psd"。

▶02 选择矩形工具，设置填充色为黑色，描边为无，拖曳光标绘制一个与页面同等大小的矩形。在图层面板中设置"不透明度"值为70%，如图8-74所示。

图 8-74

▶03 更改填充色为白色，描边为无，在页面中绘制一个白色矩形，如图8-75所示。

图 8-75

选择黑色矩形图层，单击图层面板上方的"锁定全部"按钮🔒，锁定矩形图层。后续在矩形上执行的一系列操作都不会影响矩形以及矩形下方的图形。

▶04 选择白色矩形所在的图层，使用Ctrl+J组合键拷贝矩形。选择矩形，使用Ctrl+T组合键进入变换模式，将光标放置在下方中间的夹点上，按住鼠标左键不放向上拖动光标，调整矩形的高度。更改矩形的填充颜色为灰色（#c8c8c8），修改结果如图8-76所示。

图 8-76

▶05 选择矩形工具▭，将填充色设置为白色，描边为无，设置圆角半径值，拖曳光标绘制矩形。选择矩形，按住Alt键向下移动复制，等距排列矩形，结果如图8-77所示。

图 8-77

▶06 重复选择矩形工具▭，继续绘制白色圆角矩形，如图8-78所示。

图 8-78

▶07 双击"圆角矩形"图层，打开"图层样式"对话框，添加"内发光"样式，设置"混合模式""不透明度""杂色"等参数，如图8-79所示。

图 8-79

▶08 继续添加"渐变叠加""投影"样式，参数设置如图8-80所示。

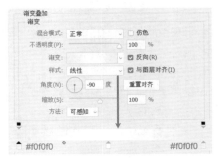

图 8-80

图 8-80（续）

▶09 单击"确定"按钮关闭对话框，为矩形添加图层样式的结果如图8-81所示。

图 8-81

▶10 打开"图标.psd"文件，选择图标放在合适的位置，如图8-82所示。

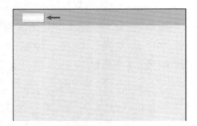

图 8-82

▶11 选择平板电脑图标，使用Ctrl+J组合键拷贝副本，更改图层名称为"倒影"。选择拷贝得到的图标，使用Ctrl+T组合键进入编辑模式，右击，在弹出的快捷菜单中选择"垂直翻转"选项，调整图标的方向如图8-83所示。

▶12 单击图层面板中的"添加图层蒙版"按钮□，为倒影图层添加一个蒙版。将前景色设置为黑色，选择渐变工具■，指定渐变类型为"从前

景色到透明渐变" ■，单击"线性渐变"工具□，在蒙版中从下往上拖动光标绘制渐变，创建渐隐效果，如图8-84所示。

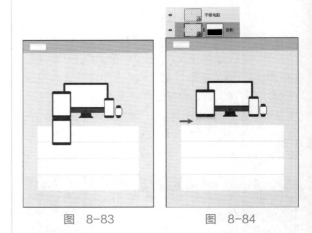

图 8-83　　　　　　图 8-84

▶13 重复上述操作，继续为手机图标以及手表图标创建倒影，结果如图8-85所示。

▶14 从"图标.psd"文件中选择云下载图标，放置在当前视图中，并调整位置与尺寸，结果如图8-86所示。

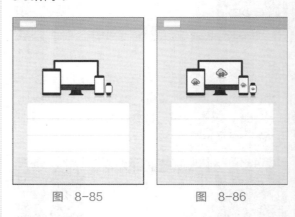

图 8-85　　　　　　图 8-86

▶15 选择椭圆工具○，设置填充色为黑色，描边为无，拖曳光标绘制一个正圆，结果如图8-87所示。

▶16 从"图标.psd"文件中选择登录方式的图标，调整尺寸后放置在圆形上，居中对齐，结果如图8-88所示。

▶17 选择横排文字工具T，设置字体与字号，输入文字与箭头符号，完成登录页的绘制，结果如图8-89所示。

图 8-87　　　　　　　　图 8-88

图 8-89

8.5 课后习题

本节提供两个案例方便用户加强练习，一个是平板电脑视频APP首页，另一个是平板电脑健身APP首页。两个界面既有相同之处，如图文结合，又各有特点，如健身APP首页添加插画元素。

8.5.1　绘制平板电脑视频APP首页

平板电脑视频APP的绘制步骤如下。

▶01 新建文件。在界面上划分区域，大致确定每个区域所要添加的内容。

▶02 细化区域。在有限的空间内绘制图形，或者添加素材。图形与素材的尺寸、位置，需要根据已有的空间进行调整。

▶03 为了丰富页面效果，需要为某些图形添加样式。双击图层即可弹出"图层样式"对话框，当中有多种样式可供选用。

▶04 颜色的选择应该仔细斟酌。在绘制完毕后输出为JPG或者PNG格式文件，预览效果。

▶05 反复修改，直至满意，绘制效果如图8-90所示。

图 8-90

8.5.2　绘制平板电脑健身APP首页

平板电脑健身APP首页的绘制步骤如下。

▶01 新建文件。利用色块或线段划分区域，也可以创建参考线来帮助定位区域。

▶02 选择矩形工具▭，设置填充色、描边参数与圆角半径值，拖曳光标绘制矩形。

▶03 载入图标、素材，调整尺寸后放在合适的位置。

▶04 根据矩形的颜色，需要调整图标或素材的颜色。

▶05 使用横排文字工具 **T**，根据情况选择字号与颜色，输入文字。

▶06 关闭参考线，预览绘制效果。如无异议，可以输出保存，结果如图8-91所示。

图 8-91

8.6　本章小结

　　本章介绍平板电脑APP界面的绘制方法。以音乐APP为例，分别介绍首页、搜索页以及登录页的绘制过程。与手机APP界面的绘制相同，平板电脑APP界面也是图形与文字相结合，根据情况添加装饰元素。但是平板电脑的尺寸与手机不同，所以在绘制的过程中需要注意图形的尺寸与间距，文字的粗细与大小。多加练习，才能在绘制时得心应手，制作出优秀的作品。

第9章 绘制软件界面

软件类型众多，设计风格千差万别。如何在种类繁多的同类中脱颖而出？是设计师需要考虑的问题。设计精巧的软件更容易获得用户的青睐，其中，软件界面直接传达软件的设计风格、功能设置，是设计工作的重中之重。本章介绍绘制软件界面的方法。

9.1 软件界面概述

每一款软件都包含多个界面，分别编排不同的功能，用户通过切换页面可以使用软件功能。本节以微信软件为例，介绍不同类型的软件界面。

在计算机中安装微信软件，启动软件后弹出登录对话框，如图9-1所示。登录对话框的编排不应太花哨繁杂，应以方便用户登录为主。有的软件可以使用几种方式登录，应该提供登录入口。如果只有一种登录方式，如微信登录界面，提供登录按钮，用户点击即可开始登录。

软件登录可以通过输入账号、密码，也可以扫码登录，如图9-2所示。扫码登录的前提是手机也安装了该软件。用户在手机中安装微信，即可通过扫码在计算机中登录微信。

图 9-1　　　　图 9-2

微信主界面如图9-3所示。在界面的左侧，显示功能图标。选择功能图标，与之相关的信息在右侧界面显示。如单击信息按钮，在右侧显示信息列表。选择列表中的一项，即可浏览信息内容。

图 9-3

单击某些功能按钮，会打开一个独立的对话框，如图9-4所示。单击"搜一搜"按钮，在打开的对话框中输入搜索内容，单击"搜索"按钮即可。

图 9-4

双击信息列表中的某项，打开聊天界面，如

图9-5所示。用户可在此处浏览聊天记录或者继续发送信息。通过扩展界面,如图9-6所示,可以查询详细信息。软件通过将部分信息折叠显示,可以节省屏幕空间,也使软件界面更加简洁。

图 9-5

图 9-6

在计算机桌面的右下角,右击微信图标,弹出如图9-7所示的快捷菜单。选择选项,打开不同的界面。在设置界面中,设置内容以列表的方式展示,如图9-8所示,方便用户选用。

图 9-7　　　　　　　图 9-8

以列表的方式展示信息,条理清晰,选择方

便。通过滑动滑块,用户决定启用/关闭某项,如图9-9所示。也可以通过选择选项的方式来确定是否执行某项操作,如图9-10所示。有的软件会提供"一键全选"或"一键取消"选项,方便用户快速选择/取消。

图 9-9

图 9-10

在界面中显示系统默认设置的内容,如图9-11所示。但是系统提供自定义设置的通道,有利于用户根据实际情况进行调整。

图 9-11

操作结束后，应该允许用户恢复默认设置，如图9-12所示。有的用户在个性化设置完成后，操作软件时发现还是使用默认设置更加顺手。这时，"恢复默认设置"功能可以帮助用户返回原始设置。

图 9-12

软件会不定期进行更新，并发布最新版本。在界面中显示当前软件的版本，提供检查更新的渠道，如图9-13所示，用户得以了解版本的最新动态。

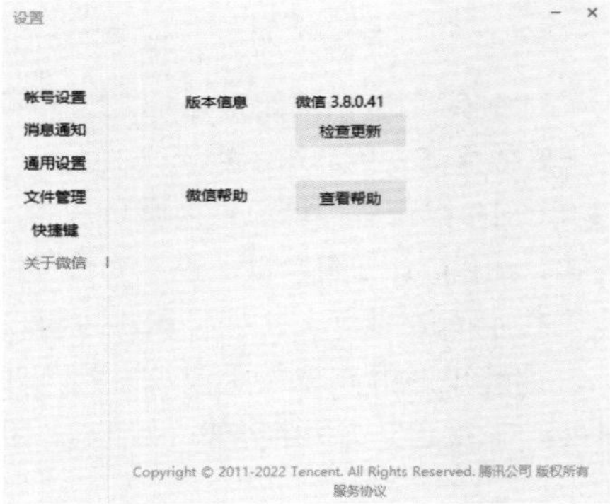

图 9-13

用户的意见反馈对于设计师极为重要。在反馈界面中，用户可以描述遇到的难题，并上传图像进一步说明，如图9-14所示。信息提交后被存储在后台，设计师定期查阅，了解软件的使用情况。

软件将常规问题与解决方案汇总，编排在帮助界面中，如图9-15所示。用户如果没有在界面中查询到解决方案，可以在搜索栏直接输入问题，搜索答案即可。也可以扫码与客服人员联系，在线交流解决方法。

图 9-14

图 9-15

在图9-16所示的界面中，展示软件图标、版本、版权信息。用户通过浏览界面，获知软件的基本信息。

图 9-16

9.2 绘制杀毒软件界面

杀毒软件有多个功能界面，本节选择其中一个界面来介绍其绘制方法。功能列表安排在界面的左侧，右侧界面展示查杀或扫描的详细信息。在绘制的过程中，主要使用矩形工具、椭圆工具以及自定形状工具。通过添加素材，使软件界面更加生动。

9.2.1 绘制背景

▶01 启动Photoshop应用程序，执行"文件"|"新建"命令，打开"新建文档"对话框。设置参数后单击"创建"按钮，新建文件。

▶02 选择矩形工具 ▢ ，设置填充色为浅灰色（#f8f8f8），描边为无，输入圆角半径值，拖曳光标绘制矩形，如图9-17所示。

图 9-17

▶03 重复操作，更改填充色为深灰色（#e3e3e3），描边为无，设置圆角半径值，绘制矩形如图9-18所示。

图 9-18

提示 选择矩形，在属性面板单击链接 ⑧ ，断开链接后按钮显示为 ⑧ 。此时可以单独设置矩形各个角的圆角半径值。

9.2.2 绘制控件

▶01 更改填充色为绿色（#00a818），描边为无，设置圆角半径值，绘制绿色圆角矩形，如图9-19所示。

▶02 双击绿色的"圆角矩形"图层，在"图层样式"对话框中选择"外发光"样式，设置"混合

模式"为"正片叠底"，"不透明度"为39%，其他参数设置如图9-20所示。

图 9-19

图 9-20

▶03 单击"确定"按钮关闭对话框，为圆角矩形添加外发光效果如图9-21所示。

▶04 使用Ctrl+J组合键，拷贝绿色圆角矩形，删除图层样式。使用Ctrl+T组合键，进入变换模式。将光标放置在中间的夹点上，按住鼠标左键不放拖动光标，调整矩形的高度。更改填充色为浅绿色（#2bd844），重定义圆角半径值，如图9-22所示。

图 9-21

图 9-22

▶05 双击"矩形"图层，在"图层样式"对话框中选择"投影"样式，设置"混合模式"为"正常"，"不透明度"为52%，"角度"为90度，其他参数设置如图9-23所示。

▶06 单击"确定"按钮关闭对话框，为矩形添加

样式的效果如图9-24所示。

▶07 选择椭圆工具 ⬭，设置填充色为深绿色（#00a818），描边为无，按住Shift键拖曳光标绘制正圆，如图9-25所示。

▶08 双击"椭圆"图层，打开"图层样式"对话框。添加"内阴影"样式，选择"混合模式"的类型，设置填充色，其他参数设置如图9-26所示。

图 9-23　　　　　　图 9-24

图 9-25　　　　　　图 9-26

▶09 单击"确定"按钮关闭对话框，为圆形添加内阴影效果如图9-27所示。

图 9-27

▶10 选择椭圆工具 ⬭，设置填充色为浅灰色（#ededed），描边为无，按住Shift键拖曳光标绘制正圆。选择正圆，按住Alt键向右移动复制，结果如图9-28所示。

▶11 选择两个圆形，使用Ctrl+G组合键创建成

组。双击组，在"图层样式"对话框中添加"投影"样式，分别设置"混合模式""不透明度""角度"等参数，如图9-29所示。

▶12 单击"确定"按钮关闭对话框，为两个圆形添加阴影的效果如图9-30所示。

图 9-28

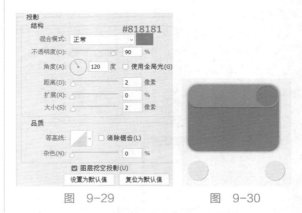

图 9-29　　　　　　图 9-30

📢提示　将两个圆形创建成组，就可以同时为圆形添加投影效果，不需要逐一添加。

▶13 选择椭圆工具 ⬭，设置填充色为灰色（#e0e0e0），描边为无，按住Shift键拖曳光标绘制正圆，如图9-31所示。

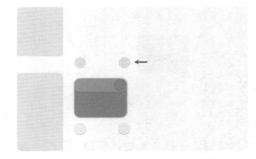

图 9-31

9.2.3　添加元素

▶01 打开"图标.psd"文件，从中选择素材，将其拖放至当前视图，并调整尺寸与位置，如图9-32所示。

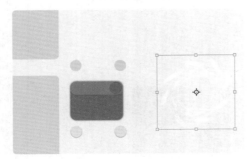

图 9-32

▶02 双击"素材"图层，打开"图层样式"对话框，添加"渐变叠加"样式。单击渐变条，在"渐变编辑器"对话框中设置颜色参数。其他样式参数设置如图9-33所示。

图 9-33

▶03 单击"确定"按钮关闭对话框，为素材添加渐变叠加样式的效果如图9-34所示。

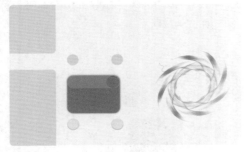

图 9-34

▶04 选择自定形状工具，设置填充色为白色，描边为绿色（#00a708），在形状列表中选择形状

形状：，按住Shift键拖曳光标，绘制形状如图9-35所示。

图 9-35

▶05 选择形状，使用Ctrl+J组合键拷贝形状。更改形状的填充为绿色（#00a708），描边为无。使用Ctrl+T组合键进入变换模式，按住Alt键，将光标放置在角点上，按住鼠标左键不放向内拖曳光标，以圆心为基点向内缩放形状，如图9-36所示。

▶06 选择自定形状工具，设置填充色为白色，描边为无，在形状列表中选择形状 形状：，按住Shift键拖曳光标绘制形状，如图9-37所示。

图 9-36　　　　　图 9-37

▶07 从"图标.psd"文件中选择图标，拖放至当前视图，调整尺寸与位置，等距排列，如图9-38所示。

图 9-38

▶08 选择矩形工具，设置填充色为绿色（#00a708），描边为无，拖曳光标绘制矩形，如

图9-39所示。

图 9-39

▶09 继续在"图标.psd"文件中选择图标，放置在界面的上方，如图9-40所示。

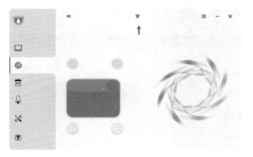

图 9-40

▶10 选择多边形工具，设置填充色为无，描边为黑色，描边宽度为6像素，边数为3。按住Shift键拖曳光标绘制三角形。选择横排文字工具 **T**，选择合适的字体与字号，在三角形上输入叹号，如图9-41所示。

▶11 选择椭圆工具 ○，绘制同心圆。选择直线工具 ╱，绘制黑色45°的直线，如图9-42所示。

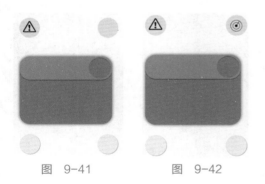

图 9-41　　　　　　图 9-42

▶12 继续选择直线工具 ╱，更改填充色为深绿色（#028515），按住Shift键绘制水平线段，如图9-43所示。

▶13 从"图标.psd"文件中选择图标，拖放至当前视图，调整尺寸，放置在圆形上，如图9-44所示。

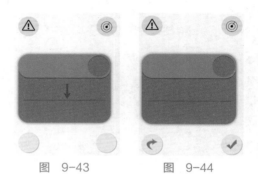

图 9-43　　　　　　图 9-44

▶14 选择两个图标，使用Ctrl+G组合键创建成组。双击组，在"图层样式"对话框中添加"投影"样式，参数设置如图9-45所示。

▶15 单击"确定"按钮关闭对话框，为图标添加投影的效果如图9-46所示。

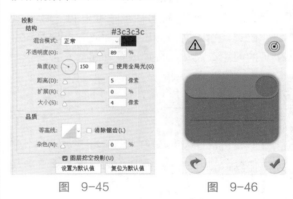

图 9-45　　　　　　图 9-46

▶16 从"图标.psd"文件中选择扫描引擎图标，将其放置在界面的右下角，等距排列，如图9-47所示。

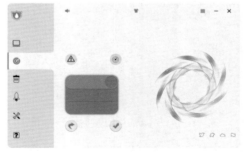

图 9-47

▶17 选择横排文字工具 **T**，选择合适的字体与字号，在界面中输入文字，完成界面的绘制，如图9-48所示。

图 9-48

9.3 绘制截图软件主界面

在本节中，介绍截图软件主界面的绘制。先使用矩形工具绘制界面，再在此基础上绘制按钮、图形，输入文字信息，添加图标。调整图文信息的间距、尺寸，协调放置各元素，得到一个美观大方的界面。

9.3.1 绘制背景

▶01 启动Photoshop应用程序，执行"文件"|"新建"命令，打开"新建文档"对话框。设置参数后单击"创建"按钮，新建文件。

▶02 选择矩形工具 ▭，设置填充色为浅蓝色（#e6f0f8），描边为无，拖曳光标绘制矩形，如图9-49所示。

图 9-49

▶03 使用Ctrl+J组合键拷贝矩形。更改填充色为蓝色（#397fbe），描边为无。使用Ctrl+T组合键进入变换模式，将光标放置在中间的夹点上，按住

鼠标左键不放向上拖曳光标，调整矩形的高度，如图9-50所示。

图 9-50

▶04 按住Alt键向下复制蓝色（#397fbe）矩形，更改填充色为灰蓝色（#d4dee8），再调整矩形的高度，操作结果如图9-51所示。

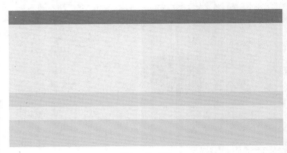

图 9-51

9.3.2 添加按钮

▶01 选择椭圆工具 ◯，设置填充色为红色（#d71400），描边为无，按住Shift键拖曳光标绘制正圆，如图9-52所示。

图 9-52

▶02 双击"椭圆"图层，打开"图层样式"对话框，添加"斜面和浮雕"样式。设置"样式"为"内斜面"，"方法"为"平滑"，"深度"为344%，其他参数设置如图9-53所示。

图 9-53

▶**03** 添加"投影"样式，设置"混合模式"为"正常"，"不透明度"为72%，"角度"为90度，其他参数设置如图9-54所示。

▶**04** 单击"确定"按钮关闭对话框，为圆形添加样式的效果如图9-55所示。

图 9-54　　　　　图 9-55

▶**05** 选择直线工具 ✐，设置填充色为灰蓝色（#e6f0f8），按住Shift键拖曳光标，绘制水平线段，如图9-56所示。

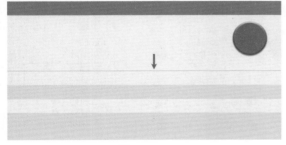

图 9-56

▶**06** 打开"图标.psd"文件，从中选择相机、视频等图标，拖放至当前视图，调整尺寸与位置，如图9-57所示。

图 9-57

▶**07** 选择矩形工具 ▭，设置填充色为灰蓝色（#d4dee8），描边为无，拖曳光标在图标的下方绘制矩形，如图9-58所示。

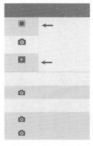

图 9-58

9.3.3　绘制控件

▶**01** 选择矩形工具 ▭，设置填充色为白色，描边为无，拖曳光标绘制矩形，如图9-59所示。

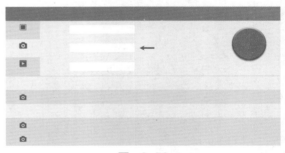

图 9-59

▶**02** 选择三个矩形，使用Ctrl+G组合键创建成组。双击组，打开"图层样式"对话框，添加"投影"样式。设置"混合模式"为"正常"，"不透明度"为43%，"角度"为90度，其他参数设置如图9-60所示。

▶**03** 单击"确定"按钮关闭对话框，查看为矩形添加投影的效果，如图9-61所示。

图 9-60

图 9-61

▶04 从"图标.psd"文件中选择齿轮图标，放置在矩形的右侧，并调整大小，如图9-62所示。

图 9-62

▶05 选择多边形工具 ⬡，设置填充色为蓝色（#3a5a7a），描边为无，边数为3，按住Shift键拖曳光标绘制三角形，如图9-63所示。

▶06 选择齿轮图标，按住Alt键创建两个副本。选择其中一个副本，使用Ctrl+T组合键进入变换模式，将光标放置在角点上，按住鼠标左键向内拖曳光标，调整副本的大小。将两个图标移动至左侧，并更改填充颜色为蓝色（#207fde）如图9-64所示。

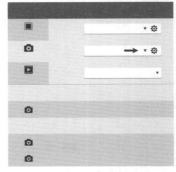

图 9-63

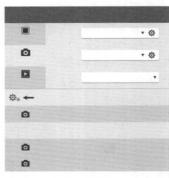

图 9-64

▶07 选择横排文字工具 T，选择合适的字体与字号，在图标的右侧输入蓝色（#207fde）文字，如图9-65所示。

▶08 选择矩形工具 ▢，设置填充色为无，描边为蓝色（#3a5a7a），线型为虚线，拖曳光标绘制矩形框，如图9-66所示。

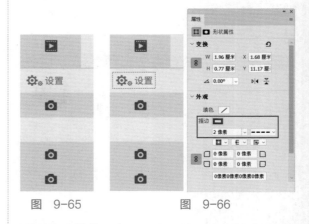

图 9-65　　　　　图 9-66

▶09 使用横排文字工具 T，输入+。选择在步骤（5）中绘制的三角形，按住Alt键移动复制，将其放置在+的右侧，并调整尺寸，如图9-67所示。

▶**10** 选择椭圆工具◯，设置填充色为无，描边为蓝色（#3a5a7a），按住Shift键拖曳光标绘制正圆，如图9-68所示。

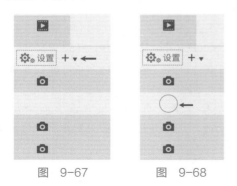

图　9-67　　　　　图　9-68

▶**11** 选择在上一步骤中绘制的圆，使用Ctrl+J组合键拷贝。更改填充色为红色（#d71400），描边为无。使用Ctrl+T组合键进入变换模式，将光标放置在角点上，按住Alt键的同时按住鼠标左键向内拖曳，以圆心为基点向内缩放圆形，如图9-69所示。

▶**12** 选择相机图标，按住Alt键移动复制，并更改相机的颜色为白色，如图9-70所示。

▶**13** 选择直线工具╱，设置填充色为蓝色（#3a5a7a），按住Shift键绘制水平线段。按住Alt键，向下移动复制线段，等距排列，如图9-71所示。

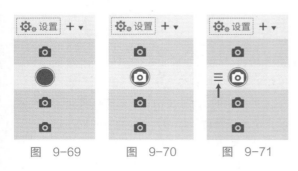

图　9-69　　　图　9-70　　　图　9-71

▶**14** 选择矩形工具▭，设置填充色为蓝色（#397fbe）与灰蓝色（#8495a4），描边为无，输入圆角半径值，拖曳光标绘制三个矩形，等距排列，如图9-72所示。

▶**15** 选择椭圆工具◯，设置填充色为白色，按住Shift键绘制正圆，如图9-73所示。

▶**16** 选择矩形工具▭，设置填充色为蓝色（#3a5a7a），描边为无，按住Shift键拖曳光标绘制正方形。按住Alt键复制正方形，等距排列，如

图9-74所示。

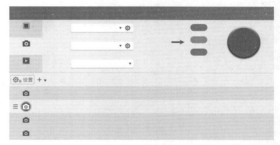

图　9-72

▶**17** 从"图标.psd"文件中选择齿轮图标，拖放至当前视图，放置在软件界面的右下角，等距排列，如图9-75所示。

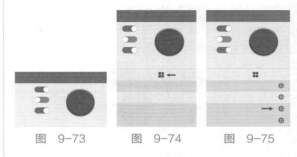

图　9-73　　　图　9-74　　　图　9-75

▶**18** 选择矩形工具▭，设置填充色为红色（#d71400），描边为无，拖曳光标绘制矩形，如图9-76所示。

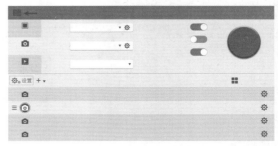

图　9-76

▶**19** 选择横排文字工具**T**，选择合适的字体与字号，输入白色的大写字母B，与矩形居中对齐，如图9-77所示。

▶**20** 选择直线工具╱，设置填充色为白色，按住Shift键绘制水平线段。按住Alt键复制线段，调整线段的角度为45°，绘制"关闭""最小化"图标的结果如图9-78所示。

图　9-77

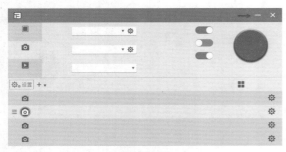

图 9-78

提示　"关闭""最小化"图标可以使用横排文字工具 **T** 输入。

▶21 选择自定形状工具 🐾，设置填充色为灰蓝色（#8495a4），在形状列表中选择箭头形状 形状：C，按住Shift键绘制箭头，如图9-79所示。

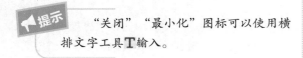

图 9-79

▶22 选择横排文字工具 **T**，选择合适的字体与字号，输入说明文字，完成软件界面的绘制，如图9-80所示。

图 9-80

9.4　绘制聊天软件界面

聊天软件界面展示账户的信息，以及软件的各项功能。账户信息包括名称、个性签名、会员等级以及联系人等。软件功能多以图标表示，通俗易懂

的图标有助于用户识别并顺利调用。图标可以自己绘制，也可以直接从网上下载。

9.4.1　绘制背景

▶01 启动Photoshop应用程序，执行"文件"|"新建"命令，打开"新建文档"对话框。设置参数后单击"创建"按钮，新建文件。

▶02 选择矩形工具 □，设置填充色为浅灰色（#f7f7f7），描边为无，输入圆角半径值，拖曳光标绘制矩形，如图9-81所示。

▶03 双击"矩形"图层，打开"图层样式"对话框。选择"投影"样式，设置"混合模式"为"正常"，"不透明度"为58%，"角度"为120°，其他参数设置如图9-82所示。

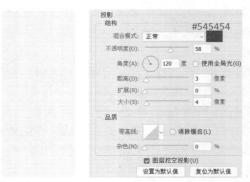

图 9-81　　　　图 9-82

▶04 单击"确定"按钮关闭对话框，为矩形添加投影的效果如图9-83所示。

▶05 选择矩形，使用Ctrl+J组合键拷贝矩形。更改填充色为任意色，描边为无，如图9-84所示。

▶06 选择椭圆工具 ○，设置填充色为灰色（#d8d8d8），描边为无，按住Shift键拖曳光标，绘制正圆如图9-85所示。

▶07 重复上述操作，继续绘制圆形，等距排列，如图9-86所示。

▶08 打开"茶花.jpg"素材，将其拖放至当前视图，放置在圆形上。使用Alt+Ctrl+G组合键创建剪贴蒙版，隐藏素材的多余部分，如图9-87所示。

▶09 重复上述操作，继续调用图像素材，制作联系人头像，结果如图9-88所示。

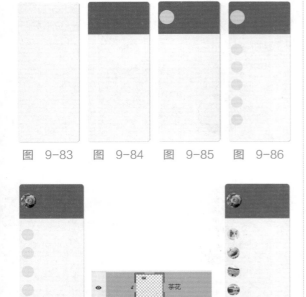

图 9-83　　图 9-84　　图 9-85　　图 9-86

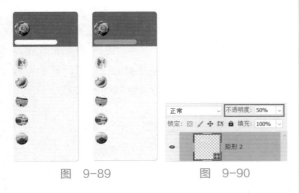

图　9-87　　　　　图　9-88

9.4.2　添加元素

▶01 选择矩形工具 ▭ ，设置填充色为白色，描边为无，输入圆角半径值，拖曳光标绘制矩形，如图9-89所示。

▶02 调整"矩形"图层的"不透明度"值为50%，效果如图9-90所示。

图　9-89　　　　　图　9-90

▶03 打开"图标.psd"文件，选择放大镜图标，将其拖放至当前视图，调整尺寸与位置，如图9-91所示。

▶04 重复上述操作，继续将收藏、换肤、邮箱图标添加至界面的上方，等距排列，如图9-92所示。

图　9-91

图　9-92

▶05 选择直线工具 ／ ，设置填充色为白色，按住Shift键拖曳光标绘制水平线段，最小化按钮的绘制结果如图9-93所示。

图　9-93

▶06 按住Alt键移动复制两个直线副本，选择其中一个副本，旋转90°，添加按钮的绘制结果如图9-94所示。

图　9-94

▶07 按住Alt键，移动复制在图9-94中绘制的按钮，并旋转45°，关闭按钮的绘制结果如图9-95所示。

图　9-95

▶08 从"图标.psd"文件中选择天气图标，放置在界面的右上角，并调整尺寸，如图9-96所示。

图 9-96

▶09 打开"白云.jpg"素材，放置在矩形上，并创建剪贴蒙版，隐藏部分图像，绘制界面背景的效果如图9-97所示。

图 9-97

▶10 选择直线工具╱，设置填充色为灰色（#d8d8d8），按住Shift键绘制水平线段，如图9-98所示。

▶11 选择横排文字工具**T**，选择合适的字体与字号，自定义颜色，输入说明文字，如图9-99所示。

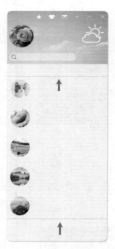 

图 9-98　　　　图 9-99

▶12 选择椭圆工具○，设置填充色为橙色（#ff9000），描边为无，按住Shift键拖曳光标，绘制正圆如图9-100所示。

▶13 选择直线工具╱，设置填充色为白色，按住

Shift键拖曳光标绘制水平线段。选择线段，按住Alt键创建线段副本，等距排列所有直线，如图9-101所示。

图 9-100

图 9-101

▶14 选择横排文字工具**T**，自定义字体与字号，输入等级说明文字，如图9-102所示。

图 9-102

▶15 双击"文字"图层，打开"图层样式"对话框。添加"描边"样式，设置"大小""位置"以及"混合模式"等参数。选择"渐变叠加"样式，单击"渐变条"，在"渐变编辑器"对话框中设置颜色参数。其他样式参数设置如图9-103所示。

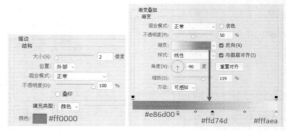

图 9-103

▶16 单击"确定"按钮，为文字添加样式的效果如图9-104所示。

图　9-104

▶17 选择矩形工具 □，设置填充色为红色（#ff0000），描边为无，输入圆角半径值，拖曳光标绘制矩形，如图9-105所示。

图　9-105

▶18 选择横排文字工具 **T**，设置字号与字体，在矩形上输入白色文字，如图9-106所示。

图　9-106

▶19 选择矩形工具 □，设置填充色为蓝色（#243445），描边为无，在"消息"文字的下方绘制矩形，如图9-107所示。

▶20 选择直线工具 ╱，设置填充色为灰色（#818181），按住Shift键拖曳光标绘制水平线段。按住Alt键移动复制线段，等距排列所有线段，列表图标的绘制结果如图9-108所示。

▶21 选择椭圆工具 ○，设置填充色为红色（#ff0000），描边为无，按住Shift键拖曳光标绘制正圆。将正圆放置在邮箱图标、列表图标的右上角，如图9-109所示。

▶22 从"图标.psd"文件中选择图标，放置在界面的下方，等距排列，完成界面的绘制，如图9-110所示。

图　9-107

图　9-108

图　9-109

图　9-110

9.5　绘制网盘软件登录界面

在网盘登录界面中，提供多种登录账号的方式。将二维码放大显示，有利于用户扫码登录。二维码可以从网上下载，自行绘制需要花费一定的时间。账号与密码输入框使用白色的描边矩形来表示。"登录"按钮以蓝色填充矩形表示，不仅醒目，也与界面的其他蓝色元素相呼应。

9.5.1 绘制背景

▶01 启动Photoshop应用程序，执行"文件"|"新建"命令，打开"新建文档"对话框。设置参数后单击"创建"按钮，新建文件。

▶02 选择矩形工具 □ ，设置填充色为灰色（#e4e4e4），描边为无，拖曳光标绘制矩形，如图9-111所示。

图 9-111

▶03 选择矩形，使用Ctrl+J组合键拷贝矩形，更改拷贝矩形的填充色为浅灰色（#f8f8f8），描边为无。使用Ctrl+T组合键进入变换模式，将光标置于中间的夹点上，按住鼠标左键不放向下拖曳，调整矩形的高度，如图9-112所示。

图 9-112

▶04 选择两个矩形，使用Ctrl+G组合键创建成组，重命名为"界面"。双击界面图层组，打开"图层样式"对话框。选择"投影"样式，设置"混合模式"为"正常"，"不透明度"为49%，其他参数设置如图9-113所示。

图 9-113

▶05 单击"确定"按钮关闭对话框，为图层组添

加投影的效果如图9-114所示。

图 9-114

▶06 选择矩形工具 □ ，设置填充色为无，描边为灰色（#a3a3a3），拖曳光标绘制矩形框，如图9-115所示。

图 9-115

▶07 继续在界面的右侧绘制矩形框，按住Alt键向下移动复制矩形框，结果如图9-116所示。

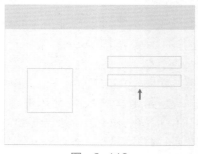

图 9-116

▶08 更改描边颜色为蓝色（#097ce8），继续绘制矩形框。加选在步骤（6）中绘制的灰色矩形框，单击选项栏上的"水平居中对齐"按钮 ♣ ，居中对齐两个矩形框，如图9-117所示。

▶09 更改填充色为蓝色（#097ce8），描边为无，拖曳光标绘制蓝色矩形。加选在步骤（7）中绘制的矩形，水平居中对齐，结果如图9-118所示。

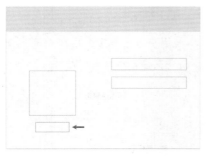

图 9-117

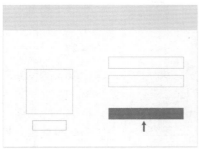

图 9-118

9.5.2 添加元素

▶01 选择自定形状工具 ✿，设置填充色为蓝色（#097ce8），描边为无，在形状列表中选择八角星 形状: ●▾，按住Shift键拖曳光标绘制形状，如图9-119所示。

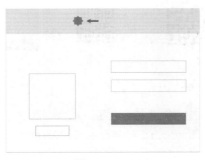

图 9-119

▶02 使用Ctrl+J组合键拷贝八角星，更改填充色为白色。使用Ctrl+T组合键进入变换模式，将光标置于角点上，按住Alt键向内拖曳光标，以圆心为基点缩放形状，如图9-120所示。

▶03 选择椭圆工具 ○，设置填充色为蓝色（#097ce8），描边为无，按住Shift键绘制正圆，并与已绘制完毕的两个八角星居中对齐，如图

9-121所示。

图 9-120　　　　　图 9-121

▶04 选择直线工具 ✎，设置填充色为黑色，按住Shift键绘制水平线段，最小化符号的绘制结果如图9-122所示。

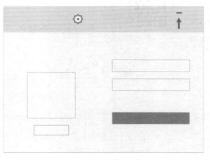

图 9-122

▶05 按住Alt键创建两个线段副本，并将线段旋转45°，关闭符号的绘制结果如图9-123所示。

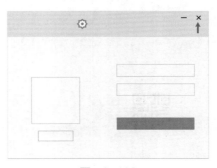

图 9-123

▶06 选择多边形工具 ⬡，设置填充色为无，描边为黑色，边数为6，按住Shift键拖曳光标绘制正六边形，如图9-124所示。

▶07 选择椭圆工具 ○，设置填充色为无，描边为黑色，按住Shift键绘制正圆，与在步骤（6）中绘制的正六边形居中对齐，如图9-125所示。

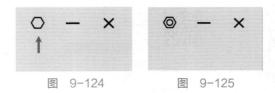

图 9-124　　　　　图 9-125

9.5.3　载入图标

▶01 打开"图标.psd"文件，选择二维码图标，将其拖放至当前视图，调整尺寸与位置，如图9-126所示。

图　9-126

▶02 继续在"图标.psd"文件中选择用户与锁图标，将其添加至界面的右侧，并为图标添加"颜色叠加"样式，参数设置与图标效果如图9-127所示。

图　9-127

▶03 选择多边形工具 ⬡，设置填充色为灰色（#515151），描边为无，边数为3，按住Shift键拖曳光标绘制三角形，如图9-128所示。

图　9-128

9.5.4　最终结果

▶01 选择横排文字工具 **T**，选择合适的字体与字号，输入说明文字，如图9-129所示。

图　9-129

▶02 选择二维码图标，按住Alt键移动复制。选择拷贝得到的二维码，使用Ctrl+T组合键进入变换模式，将光标置于角点上，按住鼠标左键不放向内拖曳光标，缩放结束后按Enter键退出。最后调整二维码的位置，与"扫描二维码登录"文字居中对齐，如图9-130所示。

▶03 选择矩形工具 ▭，设置填充色为无，描边为浅灰色（#a3a3a3），按住Shift键拖曳光标绘制正方形，如图9-131所示。

图　9-130　　　　　图　9-131

▶04 选择横排文字工具 **T**，选择合适的字体与字号，设置颜色为黑色与蓝色（#097ce8），在正方形的右侧输入文字，如图9-132所示。

图　9-132

▶05 从"图标.psd"文件中选择登录方式图标，将其放置在界面的右下角，等距排列，如图9-133所示。

图 9-133

▶06 选择横排文字工具**T**，选择合适的字体与字号，在登录方式图标的左侧输入蓝色（#097ce8）文字，完成登录界面的绘制，如图9-134所示。

图 9-134

9.6 绘制压缩软件界面

在压缩软件界面中展示文件信息，包括名称、大小、类型以及分辨率等。在开始绘制界面之前，先确定图文内容的编排方式，再选择界面色调，最后绘制或下载图标，方便在绘制的过程中逐一添加。为白色图标添加投影，能增强其立体感。也可以根据需要，为图标添加描边或者填充色。

9.6.1 规划界面

▶01 启动Photoshop应用程序，执行"文件"|"新建"命令，打开"新建文档"对话框。设置参数后单击"创建"按钮，新建文件。

▶02 选择矩形工具 ▢ ，设置填充色为蓝色（#e2f5ff），描边为无，拖曳光标绘制矩形，如图9-135所示。

图 9-135

▶03 使用Ctrl+J组合键拷贝矩形，更改填充色为任意色，描边为无。使用Ctrl+T组合键进入变换模式，将光标放在夹点上，按住鼠标左键不放向上拖曳光标，调整矩形的高度，结果如图9-136所示。

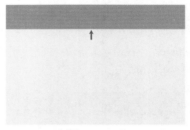

图 9-136

▶04 打开"渐变色板.png"素材，将其放置在矩形图层上。使用Alt+Ctrl+G组合键，创建剪贴蒙版，将素材限制在矩形内展示，结果如图9-137所示。

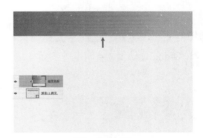

图 9-137

▶05 选择直线工具 ╱ ，设置填充色为灰色（#c7c7c7），按住Shift键绘制水平线段与垂直线段，如图9-138所示。

图 9-138

▶06 选择矩形工具▭，设置填充色为白色，描边为无，拖曳光标绘制矩形，如图9-139所示。

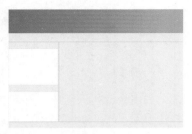

图 9-139

▶07 重复上述操作，将填充色更改为浅灰色（#f2f2f2），描边为深灰色（#cbcbcb），拖曳光标绘制矩形。将填充色设置为白色，描边为深灰色（#cbcbcb），在灰色矩形的右侧绘制两个白色矩形，如图9-140所示。

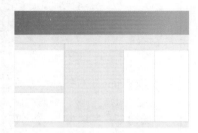

图 9-140

▶08 选择矩形工具▭，填充色设置为白色，描边为深灰色（#cbcbcb），绘制两个矩形，如图9-141所示。

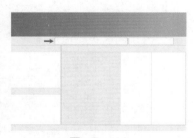

图 9-141

▶09 重复上述操作，将填充色更改为蓝色（#e2f5ff），描边为深灰色（#cbcbcb），绘制三个矩形，如图9-142所示。

▶10 将填充色更改为浅灰色（#f3f2f2），描边为无，拖曳光标绘制矩形，如图9-143所示。

▶11 更改填充色为灰色（#d8d8d8），描边为无，绘制矩形表示滑块，如图9-144所示。

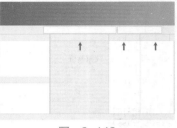

图 9-142

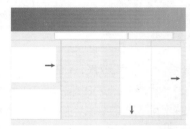

图 9-143

▶12 选择自定形状工具❀，设置填充色为灰色（#696969），描边为无，在形状列表中选择箭头 形状: ▶ ，按住Shift键拖曳光标绘制箭头，并调整箭头的方向，表示滑块移动的方向，如图9-145所示。

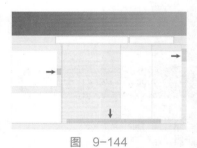

图 9-144

图 9-145

9.6.2 添加图标

▶01 打开"图标.psd"文件，选择图标，将其拖放至当前视图，调整位置与尺寸，等距排列，如图9-146所示。

图 9-146

▶02 选择椭圆工具 ◯，设置填充色为蓝色（#2174fe），描边为无，按住Shift键不放拖曳光标绘制正圆，如图9-147所示。

▶03 选择矩形工具 ▢，设置填充色为白色，描边为无，在椭圆上绘制矩形，如图9-148所示。

图 9-147　　　图 9-148

▶04 选择图标，按住Alt键向左上角移动复制。使用Ctrl+T组合键进入变换模式，将光标放置在角点上，按住鼠标左键不放向内拖动光标，缩小图标，结果如图9-149所示。

图 9-149

▶05 选择图标，按住Alt键向右移动复制，如图9-150所示。

图 9-150

▶06 除了左上角的图标外，选择其余所有图标，使用Ctrl+G组合键创建成组。双击组，在"图层样式"对话框中添加"投影"样式，参数设置如图9-151所示。

▶07 单击"确定"按钮关闭对话框，为图标添加投影的效果如图9-152所示。

图 9-151

图 9-152

▶08 选择横排文字工具 T，选择合适的字体与字号，在界面的右上角输入减号－、乘号×，用来表示最小化按钮与关闭按钮，如图9-153所示。

▶09 选择矩形工具 ▢，设置填充色为无，描边为白色，拖曳光标绘制矩形，如图9-154所示。

图 9-153　　　图 9-154

▶10 选择直线工具 ／，设置填充色为白色，按住Shift键不放拖曳光标绘制与矩形等宽的水平线段，表示最大化按钮，如图9-155所示。

▶11 选择正多边形工具 ◯，设置填充色为白色，描边为无，边数为3，按住Shift键拖曳光标绘制三角形，如图9-156所示。

图 9-155　　　图 9-156

▶12 选择直线工具，按住Shift键绘制与三角形等宽的水平线段，表示主菜单按钮，如图9-157所示。

▶13 从"图标.psd"文件中选择客服图标，调整尺寸后放置在主菜单按钮的左侧，如图9-158所示。

▶14 选择横排文字工具 T，选择合适的字体与字号，在图标的右侧与下方输入白色文字，如图9-159所示。

图 9-157

图 9-158

图 9-159

▶15 重复上述操作，继续在图标的左侧输入软件名称与广告语，如图9-160所示。

▶16 选择在上一步骤中输入的文字，在字符面板中单击"仿斜体"按钮 *T*，倾斜文字的效果如图9-161所示。

图 9-160

图 9-161

▶17 选择软件名称和广告语，使用Ctrl+G组合键创建成组。双击组，在"图层样式"对话框添加投影样式，设置"混合模式"为"正常"，"不透明度"为71%，其他参数设置如图9-162所示。

▶18 单击"确定"按钮关闭对话框，为文字添加投影的效果如图9-163所示。

图 9-162

图 9-163

9.6.3 绘制其他内容

▶01 选择正多边形工具 ⬡，设置填充色为蓝色（#009afc），描边为无，边数为3，按住Shift键拖

曳光标绘制三角形。选择三角形，按住Alt键移动复制，结果如图9-164所示。

图 9-164

▶02 选择直线工具 ╱，设置填充色为蓝色（#009afc），按住Shift键绘制三条水平线段，如图9-165所示。

图 9-165

💬**提示** 单击在步骤（1）中绘制的蓝色三角形，可以向下弹出列表。

▶03 选择在步骤（2）中绘制的三根直线，按住Alt键向左移动复制。使用Ctrl+T组合键进入变换模式，将光标放置在夹点上，按住鼠标左键不放向左拖动光标，调整直线的长度，如图9-166所示。

▶04 从"图标.psd"文件中选择向上按钮，将其放置在合适的位置，如图9-167所示。

▶05 选择自定形状工具 ❀，设置填充色分别为蓝色（#009afc）、灰色（#a5a5a5），在形状列表中选择箭头 形状 ➡，按住Shift键拖曳光标绘制箭头，并调整箭头的方向，结果如图9-168所示。

图 9-166　　　图 9-167　　　图 9-168

▶06 从"图标.psd"文件中选择文件夹、放大镜图标，将其拖放至当前视图。调整大小与位置，结

果如图9-169所示。

图 9-169

07 从"图标.psd"文件中选择图像图标，将其放置在文件夹图标下。按住Alt键移动复制多个，垂直等距排列，如图9-170所示。

图 9-170

08 选择横排文字工具**T**，选择合适的字体与字号，在界面中输入黑色与灰色文字，如图9-171所示。

图 9-171

09 选择矩形工具█，设置填充色为灰色（#dcdcdc），描边为无，在"秋天的田野"文字下方绘制矩形，如图9-172所示。

10 更改填充色为蓝色（#d2eefd），描边为无（#9dddff），在"在希望的田野上.jpg"文字的下方绘制矩形，如图9-173所示。

图 9-172

图 9-173

11 选择横排文字工具**T**，设置字体与字号，在"文件夹"文字的右侧输入乘号×，表示关闭符号，如图9-174所示。

12 选择钢笔工具✐，设置填充为黑色，描边为无，在文件夹图标的左侧绘制箭头，如图9-175所示。

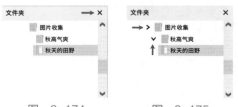

图 9-174   图 9-175

13 打开图片素材，将其放置在左下角的矩形图层上，使用Alt+Ctrl+G组合键，创建剪贴蒙版，效果如图9-176所示。

14 压缩软件界面的绘制结果如图9-177所示。

图 9-176

图 9-177

9.7 课后习题

学习结束后，用户应该加强练习，检验自己的学习成果。本节提供两个案例，分别是翻译软件界面与输入法软件界面，在绘制的过程中遇到问题，可以查阅已经学习过的内容。

9.7.1 绘制翻译软件界面

翻译软件界面的绘制结果如图9-178所示，绘制步骤如下。

▶01 选择矩形工具□，绘制灰色无描边矩形，确定界面的尺寸。

▶02 复制矩形，更改填充颜色，调整尺寸与位置，划分界面的区域。

▶03 选择直线工具／，在界面的下方绘制线段，确定功能分区。

▶04 综合运用绘图命令、编辑命令绘制图标，并放置在界面的左侧。

▶05 打开"图标.psd"文件，选择图标，布置在界面的下方。

图 9-178

▶06 选择横排文字工具T，输入说明文字，完成绘制。

▶07 执行"文件"|"导出"|"快速导出为PNG"命令，将界面导出为PNG格式的图像。

9.7.2 绘制输入法软件界面

输入法软件界面的绘制结果如图9-179所示，绘制步骤如下。

▶01 选择矩形工具□，绘制灰色无描边矩形。

▶02 复制矩形，调整宽度，向左移动。

▶03 打开渐变素材，添加至当前视图，为左侧的列表制作渐变效果。

▶04 继续在界面右侧绘制矩形。

▶05 打开清新素材，添加至登录区域。

▶06 打开"图标.psd"文件，选择图标添加至界面。

▶07 选择横排文字工具T，在图标的一侧输入说明文字，结束绘制。

▶08 执行"文件"|"导出""导出为"命令，在"导出为"对话框中选择文件格式，设置文件参数，单击"导出"按钮，导出图像文件。

图 9-179

9.8 本章小结

设计精巧的软件界面能吸引用户的注意力，激发其使用、探索软件的兴趣。在编排软件界面时，不仅要考虑如何有效地向用户展示软件的各项功能，也要顾及用户的操作习惯。为了做好界面设计，设计师需要掌握大量的知识，包括了解软件本身的特点，同类产品的详细情况，用户反馈等。在拥有熟练的软件技能的基础上，设计师应该拓宽自己思路，广泛收集素材，积极思考，大量练习，才能在工作中一展身手。